主编 查文炜 曹 卫 副主编 陈杰来 倪文龙 ●—— 姜大志 审 ——

GUOCHENG ZHUANGBEI YU
KONGZHI GONGCHENG
ZONGHE SHIYAN ZHIDAO

过程装备与控制工程
综合实验指导

江苏大学出版社
JIANGSU UNIVERSITY PRESS
镇 江

图书在版编目(CIP)数据

过程装备与控制工程综合实验指导 / 查文炜，曹卫主编. —镇江：江苏大学出版社，2015.7
ISBN 978-7-81130-982-9

Ⅰ. ①过… Ⅱ. ①查… ②曹… Ⅲ. ①化工过程－化工设备－实验－高等学校－教学参考资料②化工过程－过程控制－实验－高等学校－教学参考资料 Ⅳ. ①TQ051-33②TQ02-33

中国版本图书馆 CIP 数据核字(2015)第 142295 号

过程装备与控制工程综合实验指导

主　　编/查文炜　曹　卫
责任编辑/张小琴
出版发行/江苏大学出版社
地　　址/江苏省镇江市梦溪园巷 30 号(邮编：212003)
电　　话/0511-84446464(传真)
网　　址/http://press.ujs.edu.cn
排　　版/镇江文苑制版印刷有限责任公司
印　　刷/江苏凤凰数码印务有限公司
经　　销/江苏省新华书店
开　　本/787 mm×1 092 mm　1/16
印　　张/8.5
字　　数/200 千字
版　　次/2015 年 7 月第 1 版　2015 年 7 月第 1 次印刷
书　　号/ISBN 978-7-81130-982-9
定　　价/20.00 元

前　言

实验教学是全面实现人才培养目标的重要的教学环节，具有传授知识、训练技能、开发智力和培养能力等功能。随着现代科学技术和实验手段的飞速发展，实验的功能越来越强大。它不仅使学生把一定的直接知识同书本知识联系起来，以获得比较完整的知识，又能够培养他们的独立探索能力、实验操作能力和科学研究兴趣。

本课程的实验项目设计主要包括过程控制、水泥装备设计及性能测试等方向，各个项目均为综合型、设计型或工程应用型的内容，且覆盖了过程装备与控制工程专业的主干课程，具有一定的深度和难度。由于该课程是本专业多门学科的综合运用，可培养学生的实际动手和实际操作能力，为学生提供工程实践的条件和环境，使学生能理论结合实际，进行基本的工程训练；能比较系统地运用多学科的理论知识与技能解决实际问题，培养他们具有工程的思维方式，提高他们的动手能力和综合思考问题的能力。

本实验指导书可在实践学习和后续的毕业设计中起到重要的指导作用。全书共有两部分4章，第一章由陈杰来编写，第二章的实验一至实验五和第三章由曹卫编写，第二章的实验六至实验十由倪文龙编写，第二章的实验十一至实验十六和第四章由查文炜编写。全书由姜大志审定。

由于编写水平有限，书中若有不当之处，恳请同行和读者指正。

编者

2015.3

目　录

绪　论

本实验指导是根据过程装备与控制工程专业综合实验的教学大纲编写的，适用于过程装备与控制工程专业。

一、本实验指导的目的与任务

本实验指导的目的与任务是根据过程装备与控制工程专业人才培养方案，培养学生的动手能力、综合分析能力、解决工艺过程实际问题的能力、科学的逻辑思维能力及创新能力，提高团队合作精神和意识，更好地适应社会对人才综合能力的需求。

二、本实验指导的基础知识

本实验指导的基础知识是“过程设备设计”、“建材工艺学”、“过程装备成套技术”、“过程装备控制技术及应用”、“流体力学泵与风机”、“粉体力学与工程”、“工程图学”、“机械原理”、“机械设计”、“机械振动”等专业基础课及专业课。

三、本实验指导的教学项目及教学要求

本实验指导的教学项目及教学要求见表0-1。

表0-1　本实验指导的教学项目及教学要求

序号	实验项目名称	学时	教学目标、要求
1	过程控制综合实验台系列实验	28	掌握过程控制的基本技能
2	圈流粉磨工艺系列实验	32	掌握典型生产过程的工艺、装备
3	气力输送系统实验	2	掌握数据的采集分析，进行设备的选型、比较及改进
4	旋转机械故障诊断实验	4	掌握常用设备关键零件的检测和分析诊断方法
合　计		66	

第一章

过程控制综合实验台系列实验

实验一 MCGS 工控组态软件的熟悉

一、实验目的

(1) 初步了解 MCGS 软件。
(2) 学习 MCGS 软件工控组态的方法。
(3) 完成一个简单的控制系统的工程组态。

二、主要仪器及耗材

(1) MCGS 软件通用版。
(2) TDGK-Ⅰ过程控制综合实验台。

三、实验内容与步骤

1. MCGS 实时数据库组态实验内容与步骤

MCGS 中的数据不同于传统意义的数据或变量,它不只包含变量的数值特征,还将与数据相关的其他属性(如数据的状态、报警限值等)及对数据的操作方法(如存盘处理、报警处理等)封装在一起,作为一个整体,以对象的形式提供服务。这种把数值、属性和方法定义成一体的数据称为数据对象。

MCGS 用数据对象来表述系统中的实时数据,用对象变量代替传统意义的值变量。用数据库技术管理的所有数据对象的集合称为实时数据库。实时数据库是 MCGS 的核心,是应用系统的数据处理中心,如图 1-1 所示。

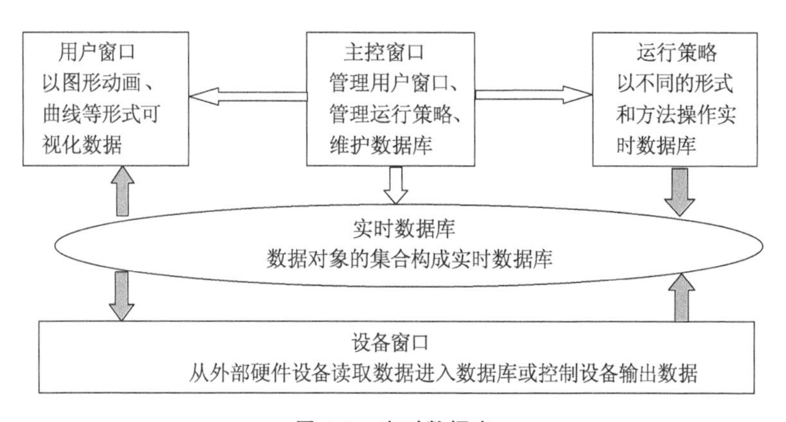

图 1-1 实时数据库

系统各个部分均以实时数据库为公用区交换数据，实现各个部分协调动作。设备窗口通过设备构件驱动外部设备，将采集的数据送入实时数据库；由用户窗口组成的图形对象与实时数据库中的数据对象建立连接关系，以动画形式实现数据的可视化；运行策略通过策略构件对数据进行操作和处理。

构造实时数据库的具体方法和步骤包括：

① 数据对象的定义；

② 数据对象的类型；

③ 数据对象的基本属性；

④ 数据对象的存盘属性；

⑤ 数据对象的报警属性。

定义数据对象的过程，就是构造实时数据库的过程。数据对象的定义在组态环境工作台窗口中完成。

数据对象定义之后，应根据实际需要设置数据对象的属性。MCGS 把数据对象的属性封装在对象内部，作为一个整体，由实时数据库统一管理。对象的属性包括基本属性、报警属性和存盘属性。基本属性包含对象的名称、类型、初值、界限(最大/最小)值及工程单位等内容。定义对象名和数据类型可参照 MCGS 图形动画、报表、曲线组态实验的内容。

2. MCGS 图形动画、报表、曲线组态实验内容与步骤

要完成一个实际的应用系统，必须先用 MCGS 的组态环境(图标为)进行系统的生成工作，然后用 MCGS 的运行环境(图标为)，来解释执行组态结果数据库。MCGS 系统组态的全过程包括：

① 建立新工程；

② 构造实时数据库；

③ 生成图形界面；

④ 定义动画连接；

⑤ 主控窗口组态；

⑥ 设备窗口组态；

⑦ 运行策略组态；

⑧ 组态结果检查；

⑨ 新工程的测试；

⑩ 新工程的提交。

例如：建立一个工程，要求描述将一个水箱里的水排入水池中，在水箱和水池之间用一个阀门控制排水的动画过程。具体参见帮助目录下“MCGS 快速入门”之“MCGS 样例详解”。

3. MCGS 设备通讯组态实验(数据计算机基本属性和通道连接设置)

信号经数据计算机的转换，输送到计算机系统，再由 MCGS 组态软件操作和读

写数据计算机的数据。设备窗口内设有“设备工具箱”，用户从中选择某种构件，赋予相关的属性，建立系统与外部设备的连接关系，即可实现对该种设备的驱动和控制。设备窗口通过设备构件把外部设备输送的数据处理后送入实时数据库，或把实时数据库中的数据输送到外部设备。

MCGS设备中一般都包含一个或多个用来读取或者输出数据的物理通道，亦称设备通道，如模拟量输入输出装置的输入输出通道、开关量输入输出装置的输入输出通道等。设备通道是数据交换用的通路，由用户指定和配置数据输入某个通道或从某个通道读取数据以供输出，即进行通道连接。通道连接是将每个通道对应的数据对象与通道相互连接，实现通道数据与实时数据库的沟通。要用到的通道周期设为1，不用的设为0。

设备调试属性页，使用户在设备组态的过程中，能很方便地对设备进行调试，以检查设备组态设置是否正确、硬件是否处于正常工作状态。同时，在有些设备调试窗口中对D/A通道调试时，在通道值一列中，输入指定通道对应电压值（单位：mV）或电流值（单位：mA），系统自动将其送入接口卡输出，设备是否正常工作主要是靠观察输出的电压值或电流值是否正确，对A/D通道主要是靠观察采集进来的数据和实际的情况是否相符，对数字输出口，也可在通道值一列设置0或1控制，可以直接对外部设备进行控制和操作。

根据实际应用的需要，设置数据处理内容，把采集来的数据转换成需要的工程量，对通道数据可以进行8种形式的数据处理，包括多项式计算、倒数计算、开方计算、滤波处理、工程转换计算、函数调用、标准查表计算、自定义查表计算，也可以任意设置以上8种处理形式的组合。输入通道按处理方法内的数字按钮，即可把对应的处理内容增加到右边的处理内容列表中，按“上移”和“下移”按钮改变处理顺序，按“删除”按钮删除选定的处理项，按“设置”按钮，弹出处理参数设置对话框，其中，倒数、开方、滤波处理不需设置参数，故没有对应的对话框弹出。处理通道是指要对某些通道的数据进行处理，可以一次指定多个通道，也可以只指定某个单一通道（开始通道和结束通道相同）。

四、实验注意事项

运行时注意检查软件加密盘是否插上。

五、思考题

（1）国内主流工控软件有哪些？它们各自有什么特点？

（2）MCGS中的数据与传统数据的概念有何不同？

实验二　PLC编程软件的熟悉

一、实验目的

(1) 熟悉 STEP 7-Micro/WIN32 编程软件的基本操作。

(2) 掌握 PLC 的基本编程方法。

二、实验原理

STEP 7-Micro/WIN32 编程软件是基于 Windows 操作系统的软件，支持 32 位的 Windows95，Windows98，WindowsNT 使用环境。其他具体内容参见“在线帮助”和“在线使用入门手册”，从帮助菜单或按【F1】键可以得到所需的帮助信息。进入 STEP 7-Micro/WIN32 编程软件的界面，如图 1-2 所示。

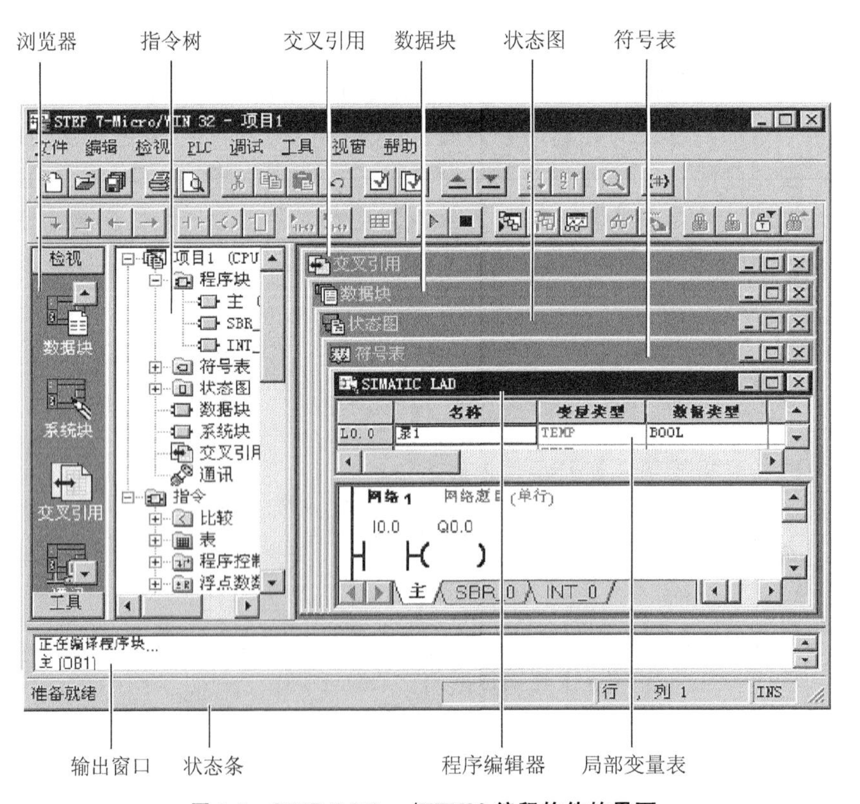

图 1-2　STEP 7-Micro/WIN32 编程软件的界面

三、主要仪器及耗材

TDGK-Ⅰ过程控制综合实验台。

四、实验内容与步骤

1. 开启实验装置

关闭其他控制方式，打开 PLC 电源。

2. SETP 7-Micro/WIN32 编程软件的基本操作

（1）S7-200PLC 的 CPU 工作状态的改变。

PLC 具有两种操作模式：停止和允许。在停止模式下，可以创建/编辑程序，但不能执行程序。在运行模式下可执行程序，且可以创建、编辑及监控程序操作和数据。

单击"运行"按钮▶可以使 PLC 进入运行模式，单击"停止"按钮■可以使 PLC 进入停止模式。

（2）PLC 程序的上传和下载。

程序编写完成并经编译检查无误后要下载到 PLC 中才能运行，同时 PLC 中的原有程序也可以通过上传命令显示给用户。按下工具条中的按钮▲可对 PLC 进行上传程序操作，按下工具条中的按钮▼可对 PLC 进行下载程序操作。注意：进行上传或下载程序操作时要使 PLC 处于 STOP 工作方式。

3. SETP 7-Micro/WIN32 编程软件的基本操作

（1）打开"PLC 实验新建程序.mwp"，把程序内容输到 PLC 下：

```
LD      I0.0          //PLC 按钮是否按下?
EU
S       Q0.2, 1       //如果按下，打开冷却阀。

LD      I0.0          // PLC 按钮是否弹起?
ED
R       Q0.2, 1       //如果弹起，关闭冷却阀。
```

（2）单击"停止"按钮■使 PLC 进入 STOP 状态。（这时观察 PLC 可以发现，STOP 状态对应的指示灯亮）

（3）在 STOP 状态下，单击"下载"按钮▼并确定，就可以将此程序下载到 PLC 中。

（4）单击"运行"按钮▶并确定，将 PLC 置于 RUN 状态。（此时 RUN 状态对应

的指示灯亮）

（5）按下控制方式上的PLC按钮，可以发现面板上冷却阀对应的指示灯变亮，PLC按钮弹起，冷却阀指示灯灭。

（6）将上传程序中的Q0.2改为Q0.1，并再次下载到PLC中，然后对面板上的PLC按钮进行按下和弹起操作，观察面板上指示灯和实验台被控对象的动作情况。

（7）重复步骤(6)，将Q0.0分别改为Q0.1、Q0.3并下载到PLC中，观察指示灯和实验台各部件的动作情况。

五、实验注意事项

（1）调试PLC程序时，主控台应该调到PLC控制挡。

（2）进行上传或下载程序操作时要使PLC处于STOP状态。

六、思考题

（1）PLC控制有何特点？

（2）PLC编程有哪些方法？

实验三 双回路测量显示控制仪的调校

一、实验目的

(1) 了解双回路测量显示控制仪的工作原理及仪表结构特点。

(2) 掌握双回路测量显示控制仪的调校方法。

二、实验原理

1. 仪表特点

(1) 适用于各种温度、压力、液位、速度、长度等物理量的测量控制。

(2) 采用微处理器进行数学运算,可对各种非线性信号进行高精度的线性矫正。

(3) 向用户开启了仪表内部参数(包括输入类型、运算方式、输出参数、通讯参数等)的设定界面。

(4) 采用最新无跳线技术,只需设定仪表内部参数,即可随意改变仪表的输入信号类型。

(5) 支持多机网络通讯,具有多种标准串行双向通讯功能可选。

(6) 全新概念的电脑数字自动调校,全数字化冷端补偿。

(7) 通过 ISO9001 国际质量体系认证。

2. 主要技术参数

(1) 输入信号(模拟量)。

热电偶:标准热电偶——B、S、K、E、J、T、WRe 等。

电阻:标准电阻——Pt100、Pt100.1、Cu50 等,或远传压力电阻。

电流:0~10 mA、4~20 mA 等,输入阻抗≤250 Ω。

电压:0~5 V、1~5 V 等,输入阻抗≥250 kΩ。

(2) 测量精度:(0.2%FS±1)字或(0.5%FS±1)字。

(3) 供电电压:AC220V±10-15%(50Hz±2Hz)线性电源供电。

(4) 功耗:不大于 5 W。

(5) 使用环境:环境温度为 0~50 ℃;相对湿度≤85%RH。

三、主要仪器及耗材

(1) TDGK-Ⅰ过程控制综合实验台。

(2) 直尺一把。

四、实验内容与步骤

1. 仪表的基本说明及操作

双回路测量显示控制仪，第一路显示器(PV屏)显示主输入值，第二路显示器(SV屏)显示副输入值。按键“SET”启动仪表进入参数设置方式；按键“▲”、“▼”设定参数光标位加减。注意：实验时请使用标有“上/下水箱液位”的双回路显示表。

(1) 一级参数设定

在仪表测量值显示状态下，按压“SET”键，仪表将转入控制参数设定状态。在仪表将转入控制参数设定状态下，每按压“SET”键一次即按顺序变换参数一次。(学生不得任意修改此项参数)

(2) 二级参数设定

按照表1-1设置仪表参数。其中SV屏显示参数具体数值的设置应参照仪表产品说明书，并结合具体使用情况而定，表内数值仅供参考。其他没有列出的参数不需要改动。

表1-1　仪表参数

PV屏显示	SV屏显示	参数说明	备注
1SL0	14	第一路输入信号代码	不可改
1SL1	00	第一路小数点位数	不可改
1SL6	0	第一路滤波系数	可改
1PB1	0	第一路输入零点偏移量	可改
1SLL	0	第一路输入量程下限设置	不可改
1SLH	400	第一路输入量程上限设置	不可改
2SL0	14	第二路输入信号代码	不可改
2SL1	00	第二路小数点位数	不可改
2SL6	0	第二路滤波系数	可改
2PB1	0	第二路输入零点偏移量	可改
2SLL	0	第二路输入量程下限设置	不可改
2SLH	400	第二路输入量程上限设置	不可改

在仪表一级参数设定状态下，修改 CLK＝132 后，在 PV 显示器显示 CLK 符号，SV 显示器显示 CLK 的设定值(132)的状态下，同时按下“SET”键和“▲”键 30 s，仪表即进入二级参数设定。在二级参数修改状态下，按压“SET”键即可变换需要设定的参数。在仪表参数设定模式下，按压仪表右下方的圆形突起，仪表自检后即返回实时测量状态。

2. 仪表读数调校

(1) 在实验台手动控制方式下，打开主动泵给上水箱加水至任意高度，用直尺测量出上水箱的水位，并记下此时的仪表显示值。

(2) 直尺测量值和仪表显示值的差值即为零点的迁移量，将该值写入二级参数中。

返回工作状态，观察这时测量值和仪表显示值是否一致。如不一致，则重复步骤(1)和(2)。

五、实验注意事项

控制仪二级参数中除表 1-1 中注明“可改”的参数外，其余不得修改。即便是可改参数，学生在修改之前也要记下原参数值，待做完实验后再将参数改回原值，以免造成输入信号的混乱。

六、思考题

(1) 为什么要对智能仪表进行调校？

(2) 零点漂移是如何产生的？

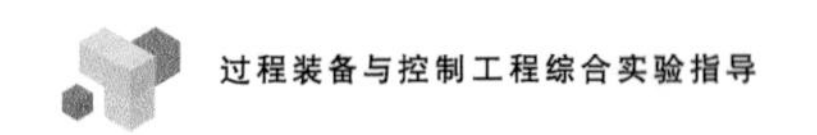

实验四　比例调节阀的校验

一、实验目的

(1) 了解比例调节阀的结构、工作过程与原理。

(2) 掌握比例调节阀的校验方法，理解其相关特性及性能指标的含义。

二、实验原理

比例调节阀将接收外部标准信号(0～10 V 或 4～20 mA，本实验选用 4～20 mA)转换为脉宽调制(PWM)信号，可利用该脉宽调制信号使阀门的开度产生连续变化，从而调节介质流量的大小，实现对生产过程中的流量控制。实际上，阀门的开度变化与外部标准信号大小呈线性关系，通过电位器，线圈电流的关键值可以根据所在场合的压力进行最佳调整：零点电位器用于调整控制信号下限的线圈电流使阀门开始打开，即刚好开始从阀座中提升阀芯；放大电位器用于设置 $I(U)$ 特性的斜率及最大电流可获得的流量。调节阀起始开度和最大开度对应电流值已调整好，两个电位器无须重新调整。

主要工作参数和功能：压力范围为 0.05～1 MPa，连接螺口 G3/8，阀体材质为黄铜，功耗为 8 W，K_V 值(水)为 1.4 m^3/h，介质温度范围为－10～90 ℃，最高温度环境为 55 ℃。

三、主要仪器及耗材

TDGK-Ⅰ过程控制综合实验台。

四、实验内容与步骤

(1) 打开手动阀 1、3、5，并将开度调至最大(全开)位置，关闭其他所有手动阀。

(2) 开启计算机，运行“TDGK-Ⅰ型过程控制综合实验台实验”。

(3) 进入“比例调节阀的校验”演示界面，将实验装置工作方式选择开关拨到计算机控制方式。

(4) 单击 启动/停止 按钮，观察实时流量值。在输入框中输入电流输入信号，

待系统稳定后，记录此时比例调节阀的控制值、流量值和输入电流值。增加电流输入信号，使阀门的开度为20%，待系统重新稳定后，记录比例调节阀的控制电流和流量值，直到阀门全开（开度为100%）为止。最后得到一组关于比例调节阀的输入电流和流量的数据。

（5）根据以上数据绘制"开度-流量"关系曲线，即可得到比例调节阀的正向流量特性。

五、数据处理与分析

（1）将实验数据记录在表1-2中。

表1-2　输入电流与流量关系实验数据

开度	20%	40%	60%	80%	100%
输入电流					
流量					

（2）绘制"开度-流量"关系曲线。

六、实验注意事项

比例调节阀的输入电流范围为4～10 mA，切勿超量程使用，否则比例调节阀易损坏。正常使用流量范围为0～0.6 t/h。

七、思考题

（1）根据实验结果绘制"开度-流量"关系曲线，分析该比例阀的流量特性。

（2）该实验系统中，比例阀的作用是什么？

实验五　温度断续控制(位式控制)

一、实验目的

(1) 熟悉实验装置,了解二位式温度控制系统的组成。
(2) 掌握位式控制系统的工作原理、控制过程和控制特性。

二、实验原理

位式温度控制系统中,二位控制是位式规律中最简单的一种。本实验的被控对象是电热丝,被控制量是上水箱的水温 T,温度变送器把被控制量 T 转变为反馈电压 V_i,它与二位调节器的 V_{max} 和 V_{min} 比较后产生的误差信号 e 作为二位调节器的输入信号,调节器的输出电压V_o(5 V)作为执行元件的控制信号,V_o与 e 的关系如图 1-3所示。

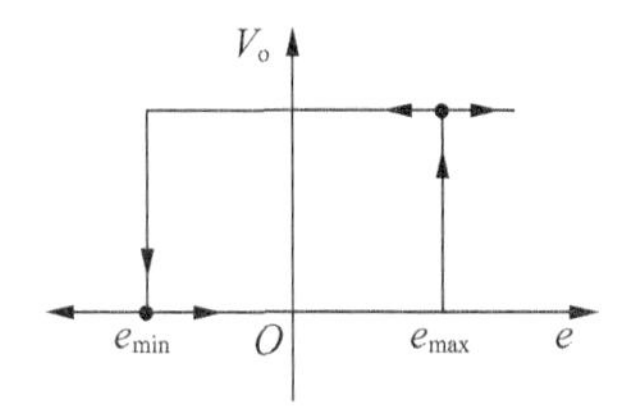

图 1-3　V_o与 e 的关系

由图 1-3 可见,V_o与 e 的关系不仅有死区存在,而且还有回环。因此图 1-4 所示的系统实质上是一个典型的非线性控制系统。

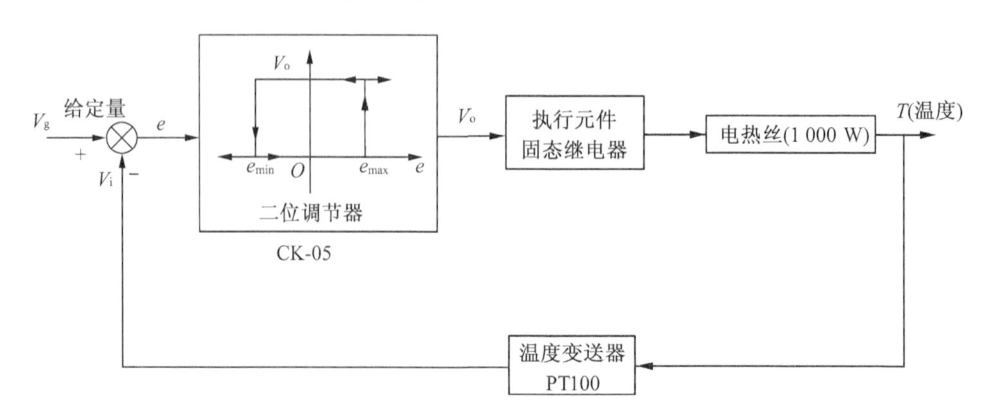

图 1-4　典型的非线性控制系统

因为执行器只有“开”或“关”两种极限工作状态，故称这种控制器为二位调节器。

该系统的工作原理是，当被控制的水温 T 小于给定值时，即 $V_g > V_i$，且当 $e = V_g - V_i \geqslant e_{max}$ 时，调节器的输出电压为 V_o(5 V)，执行元件（固态继电器）接通，使电热丝接通 220 V 电源而加热。随着水温 T 的升高，V_i 不断加大，e 相应变小。若 T 高于给定值，即 $V_g < V_i$，$e = V_g - V_i < 0$，若 $e \leqslant e_{min}$，则二位调节器的输出电压 V_o 由 5 V 降到 0 V，此时固态继电器释放，切断电热丝的供电。由于这种控制方式具有冲击性，易损坏元器件，因此只有在对控制质量要求不高的系统才使用。

温度给定值由界面对话框设定，其中温度下限设定对应 V_{min}，RP2 电位器用于温度上限设定，对应 V_{max}（要求 $V_{max} - V_{min} \geqslant 1$ ℃）。被控对象为上水箱中的电热丝，被控制量为上水箱的水温。它由铂电阻 PT100 测定，经温度变送器送到位式控制器的 V_i 端。位式控制板根据测得温度的高低，发出使固态继电器通断的控制信号，从而达到控制水箱温度的目的。

由过程控制原理可知，二位控制系统的输出是一个断续控制作用下的等幅振荡过程，如图 1-5 所示。

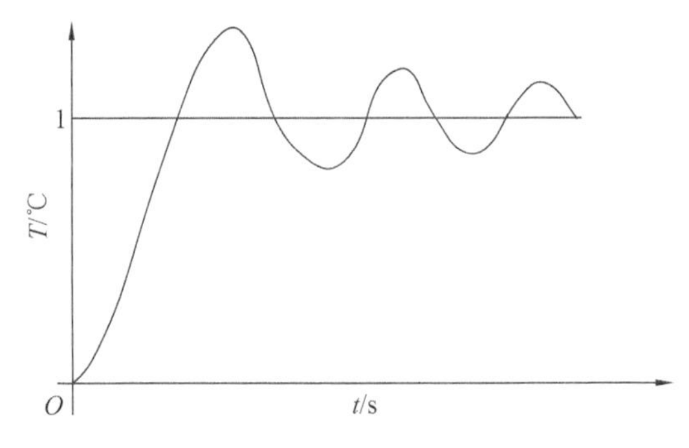

图 1-5　二位控制系统的输出

因此，不能用连续控制作用下衰减振荡过程的温度品质指标来衡量，而将振幅和周期作为品质指标。一般要求振幅小，周期长，然而对同一双位控制系统来说，若是振幅小，则周期必然短；若是周期长，则振幅必然大。因此通过合理选择中间区以使振幅在限定范围内，又可尽可能获得较长的周期。

三、主要仪器及耗材

TDGK-Ⅰ过程控制综合实验台。

四、实验内容与步骤

(1) 首先往下水箱里打大约 70% 的水（在手动情况下用主动泵），然后打开手动阀 1、2、7、9、10，关闭其他所有手动阀。注意把加热器控制方式选择为“计算机”。

(2) 开启计算机，运行“TDGK-Ⅰ过程控制综合实验台实验”，进入“温度断续控制系统"演示界面，将实验装置工作方式选择开关拨到计算机控制方式。在教师的指导下，分别设定好 V_{max} 和 V_{min} 的值，单击 启动/停止 按钮。（两个值的差不要超过3 ℃，V_{max} 的设定值不要超过 40 ℃。）

（3）系统运行后，用秒表、温度指示仪记录当前的过程变化（也可通过计算机记录控制过程曲线）。待稳定振荡 2～3 个周期后，观察位式控制过程曲线的振荡周期和振幅大小，并与计算机所记录的曲线相比较。

五、数据处理与分析

将实验数据记录在表 1-3 中 。

表 1-3 温度断续控制（位式控制）实验数据

t/s												
T/℃												

（1）适量改变 V_{max} 和 V_{min} 的大小，重复实验步骤（3）。

（2）画出不同 V_{max}、V_{min} 时系统被控制量的过渡过程曲线，记录相应的振荡周期和振荡幅度的大小。

（3）画出加冷却水时，被控量的过程曲线，并比较振荡周期和振荡幅度的大小。

（4）综合分析位式控制的特点。

六、思考题

（1）为什么缩小 V_{max} 和 V_{min} 之间的差值能改善二位控制系统的性能？

（2）为什么实际的二位控制特性与理想的二位控制特性相比存在着明显的差异？

实验六　温度定值控制(仪表控制)

一、实验目的

(1) 了解智能仪表的工作原理和操作方法。
(2) 掌握仪表控制系统的工作原理、控制过程和控制特性。

二、实验原理

温度控制系统如图 1-6 所示。

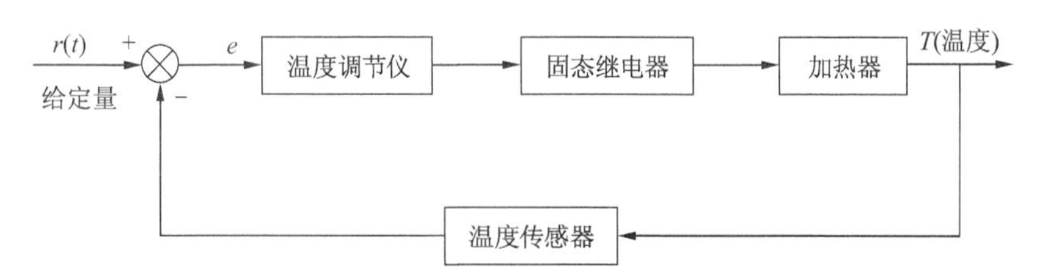

图 1-6　温度控制系统

该系统的控制任务是使被控对象——水箱的水温不因电网电压波动等因素而有显著的变化。当水温 T 小于给定值时,给定值大于测量值,有偏差产生。偏差信号经过 PID 自整定控制仪内部的 PID 算法控制输出一个 0～5 V 的电压。当其输出电压达到固态继电器的吸合电压时,继电器的"常开触点"闭合,加热器接通 220 V 的电源电压,使水箱水温上升。随着水温的上升,偏差不断减小,PID 自整定控制仪的输出电压也随之减小,当其减小到固态继电器的释放电压时,"常开触点"断开,切断加热器的加热电源。从 PID 控制特点可知,用纯比例控制方式,系统一定有余差存在,并且比例系数越大,系统的余差越小,但动态性能也随之变差。若用 PI 控制方式,则会使余差为 0。由于水温的变化是一个缓慢的过程,因此 PID 自整定控制仪的输出电压的变化也具有同样的性质,从而微分 D 的作用不明显。所以,一般采用 PI 控制而不用 P、PD 和 PID 控制。

三、主要仪器及耗材

TDGK-Ⅰ过程控制综合实验台。

四、实验内容与步骤

(1) 先往下水箱内胆中打入约70%的水(在手动情况下用主动泵),然后打开手动阀9、10,关闭其他所有手动阀。

(2) 设定热进温度仪表的设定值。设定值最好比实际温度高5 ℃左右,但不要高于40 ℃,防止对水箱造成影响。

设定值的设定方法如下:按下热进温度仪表左下方的“SET”键,显示为“SP1”。再按下“SET”键后,输入设定值。设定后继续按“SET”键,直至仪表显示为“0”,再按“1”就可以了。按键“▶”设定参数光标位移,小数点闪烁位为当前设定位;按键“▲”、“▼”设定参数光标位加减。

(3) 在加热器控制方式下选择“仪表”,开启计算机,运行“TDGK-Ⅰ过程控制综合实验台实验”,进入“温度定值控制实验”演示界面,将实验装置工作方式选择开关拨到计算机控制方式。先在显示温度仪表上确定设定温度值,然后单击“启动”按钮,再把加热器控制方式选择为“仪表”,开始实验。通过实时曲线观察温度的变化。

(4) 实验完毕后必须把加热器控制拨到采集卡控制方式,以免加热器继续工作。

五、数据处理与分析

画出仪表控制下的温度变化曲线,并分析其特点。

六、实验注意事项

实验中,必须确保水位淹没加热器,严禁加热器干烧。

七、思考题

(1) 仪表控制的优、缺点各是什么?

(2) 实际工业现场中哪些场合适合仪表控制?

实验七　单容上水箱液位 PID 控制(MCGS)

一、实验目的

(1) 熟悉单回路反馈控制系统的构成及特点。
(2) 熟悉临界比例度法整定的 PID 参数方法。
(3) 掌握 PID 参数对控制系统质量指标的影响。

二、实验原理

单回路反馈控制系统如图 1-7 所示。

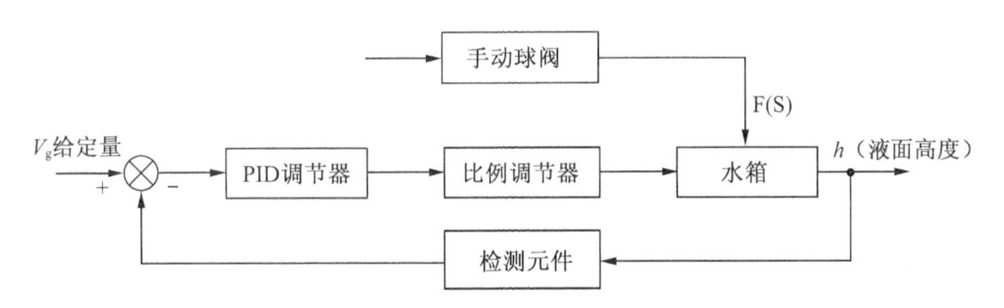

图 1-7　单回路反馈控制系统

该控制系统的任务是使水箱液位等于给定值所要求的高度;减小或消除来自系统内部或外部扰动的影响。当一个单回路系统设计安装就绪之后,控制质量的好坏与控制器参数选择有着很大的关系。合理地控制参数,可以带来满意的控制效果。反之,若控制器参数选择不合适,则会使控制质量变坏,达不到预期效果。因此,当一个单回路系统组好以后,如何整定好控制器参数是一个很重要的实际问题。

一般而言,用比例(P)调节器的系统是一个有差系统,比例度 δ 的大小不仅会影响余差的大小,而且也与系统的动态性能密切相关。比例积分(PI)调节器,由于积分的作用,不仅能实现系统无余差,而且只要参数 δ 和 T_i 调节合理,也能使系统具有良好的动态性能。比例积分微分(PID)调节器是在 PI 调节器的基础上再引入微分 D 的作用,从而使系统既无余差存在,又能改善系统的动态性能(如快速性、稳定性等)。在单位阶跃的作用下,P,PI,PID 调节系统的阶跃响应分别如图 1-8 中的曲线①,②,③所示。

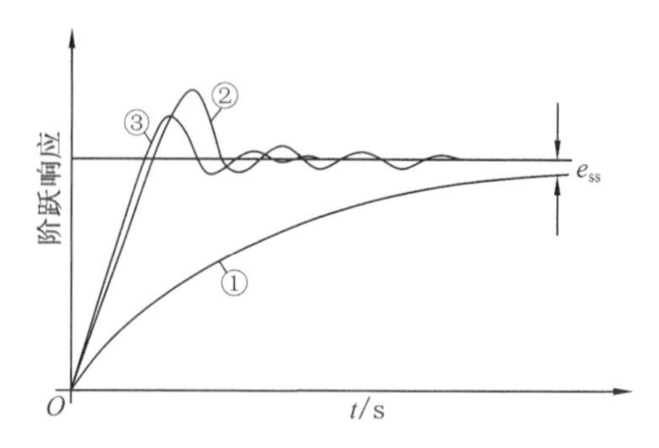

图 1-8　P,PI,PID 调节系统的阶跃响应

三、主要仪器及耗材

TDGK-Ⅰ过程控制综合实验台。

四、实验内容与步骤

1. 比例(P)调节器控制

(1) 打开手动阀 1、3(全开)、5(全开),关闭其他所有手动阀。

(2) 在教师的指导下,开启计算机,运行"TDGK-Ⅰ过程控制综合实验台实验",进入"单容液位(上水箱)PID 控制实验(MCGS)"演示界面,将实验装置工作方式选择开关拨到计算机控制方式。按不同的控制方式设定相应的控制参数 P,I,D,为记录过渡过程曲线做好准备。

(3) 把调节器的比例系数(P)设置为较小数,积分时间常数设置为 0,微分时间常数设置为 0,即此时调节器为比例(P)调节器。

(4) 单击 启动/停止 按钮,观察计算机显示屏上的曲线,待被调参数基本稳定于给定值后,系统即投入闭环运行。待系统稳定后,对系统加扰动信号(在纯比例的基础上加扰动,可通过改变设定值实现,扰动一般为设定值的 5%～20%)。记录曲线在经过几次波动稳定下来后系统的稳态误差,并记录余差大小。

(5) 增大 P,重复步骤(4),观察过渡过程曲线,并记录余差大小。

(6) 减小 P,重复步骤(4),观察过渡过程曲线,并记录余差大小。

(7) 选择合适的 P,可以得到较满意的过渡过程曲线。改变设定值,同样可以得到一条过渡过程曲线。

2. 比例积分(PI)调节器控制

(1) 在比例调节实验的基础上,加入积分作用,即积分时间常数设置为某一数值,观察被控制量是否能回到设定值,以验证在 PI 控制下,系统对阶跃扰动无余差

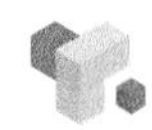

存在。

(2) 固定比例度 δ 的值(比例系数 P 的倒数,即 $\delta=1/P$),改变 PI 调节器的积分时间常数值 T_i,然后观察加阶跃扰动后被调量的输出波形,并记录不同 T_i 值时的超调量 σ_P,填入表 1-4。

表 1-4　不同 T_i 时的超调量 σ_P

积分时间常数 T_i	超调量 σ_P
大	
中	
小	

(3) 选择适合的 δ 和 T_i 值,使系统对阶跃输入扰动的输出响应为一条较满意的过渡过程曲线。此曲线可通过改变设定值来获得。

3. 比例积分微分(PID)调节器控制

(1) 在 PI 调节器控制实验的基础上,再引入适量的微分作用,即把 D 打开,然后加上与前面实验幅值完全相等的扰动,记录系统被控制量响应的动态曲线,并与 PI 调节器控制下的曲线相比较,由此可看到微分 D 对系统性能的影响。

(2) 选择适合的 δ,T_i 和 T_d(微分时间常数值),使系统的输出响应为一条较满意的过渡过程曲线。

4. 用临界比例度法整定调节器的参数

在现实应用中,PID 调节器的参数常用下述实验方法确定。用临界比例度法整定 PID 调节器的参数既方便又实用。其具体做法如下:

(1) 先将调节器的积分时间常数值 T_i置于无穷大,微分时间常数值 T_d置于 0,比例度 δ 置于较大的数值,使系统投入闭环运行。

(2) 系统稳定后,给系统设定值施加一个 5%～15%的阶跃扰动,并同时减小调节器的比例度 δ,观察被调量变化的动态过程,直至输出响应曲线呈现等幅振荡为止。

(3) 当被调量做等幅振荡时,比例度 δ 就是临界比例度,用 δ_k 表示,相应的振荡周期就是临界周期 T_k(如图 1-9 所示)。据此,按表 1-5 可确定 PID 调节器的三个参数 δ,T_i 和 T_d。

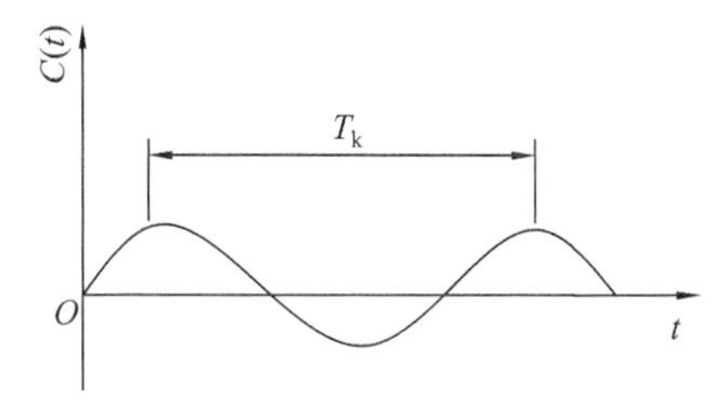

图 1-9　具有周期 T_k 的等幅振荡

表 1-5 用临界比例度法整定 PID 调节器的参数

调节器参数 调节器名称	δ_k	T_i/s	T_d/s
P	$2\delta_k$	∞	0
PI	$2.2\delta_k$	$T_k/1.2$	0
PID	$1.6\delta_k$	$0.5T_k$	$0.125T_k$

必须指出，表格中给出的参数值是对调节器参数的一个粗略设计，是根据大量实验得出的结论。若要得到更满意的动态过程（如在阶跃作用下，被调参量做 4∶1 的衰减振荡），则要在表 1-5 中给出参数的基础上，再对 δ，T_i（或 T_d）做适当调整。

五、数据处理与分析

（1）记录实验数据，分析实验曲线。
（2）作出 P 调节器控制时，不同比例度 δ 值下的阶跃响应曲线。
（3）作出 PI 调节器控制时，不同比例度 δ 和 T_i 值下的阶跃响应曲线。
（4）作出 PID 调节器控制时的阶跃响应曲线，并分析微分 D 的作用。
（5）用临界比例度法确定适合的 PID 参数。

六、实验注意事项

在开始时比例度不宜过大，一般为 4～20。

七、思考题

（1）在本实验中，控制系统的构成及主要特点是什么？
（2）PID 参数整定应遵循哪些原则？

实验八　S7-200 PLC 与 MCGS 组态软件通讯

一、实验目的

(1) 了解 S7-200 PLC 可编程控制器的数字量、模拟量输入输出控制功能。
(2) 熟悉 PLC 可编程软件、MCGS 组态软件的使用。
(3) 熟悉并掌握 S7-200 PLC 与 MCGS 组态软件的通讯方法。

二、实验原理

1. 硬件连接

用西门子的 PPI/PC 电缆线通过计算机串口连接 PLC 通讯口。使用 PC/PPI 电缆进行实验时，必须保证 PC/PPI 上的 DIP 开关、上位机软件与 PLC 中的设置一致。

2. 在 MCGS 中使用 PPI 通讯驱动程序

串口父设备属性设置：

(1) 根据实际情况设置 COM 口，波特率为 9 600 Bd，8 位数据位，1 位停止位，偶校验。

(2) S7-200(PPI)属性设置。要使 MCGS 能正确操作 PLC 设备，请按如下步骤使用和设置本构件的属性：

① 内部属性。内部属性用于设置 PLC 的读写通道，以便后面进行设备通道连接，从而把设备中的数据送入实时数据库中的指定数据对象或把数据对象的值送入设备指定的通道输出。

西门子 S7-200 PLC 设备构件把 PLC 的通道分为只读、只写、读写三种情况。只读通道用于把 PLC 中的数据读入 MCGS 的实时数据库中；只写通道用于把 MCGS 实时数据库中的数据写入 PLC 中；读写通道则既可以从 PLC 中读数据，也可以往 PLC 中写数据。

② 设备名称。可根据需要对设备进行重新命名，但不能和设备窗口中已有的其他设备构件同名。

③ 采集周期。采集周期为运行时，MCGS 对设备进行操作的时间周期，一般在静态测量时设为 1 000 ms，在快速测量时设为 200 ms。

④ PLC 地址。即总线上挂的 PLC 的地址。

⑤ 通信超时时间。通信超时时间是根据波特率而定的等待时间，若波特率为 9 600 Bd，则通信超时时间一般设置为 15～20 ms；若波特率为 19 200 Bd，则通信超时时间设置为5～10 ms。

⑥ 初始工作状态。用于设置设备的起始工作状态设置为启动时，在进入 MCGS 运行环境后，MCGS 即自动开始对设备进行操作；设置为停止时，MCGS 不对设备进行操作，但可以用 MCGS 的设备操作函数和策略在 MCGS 运行环境中启动或停止设备。

三、主要仪器及耗材

(1) TDGK-Ⅰ过程控制综合实验台。

(2) 上位计算机及软件。

(3) PPI/PC 电缆线一根。

四、实验内容与步骤

(1) 打开 MCGS 组态环境，新建一个工程。

(2) 双击图 1-10 中的“设备窗口”图标。

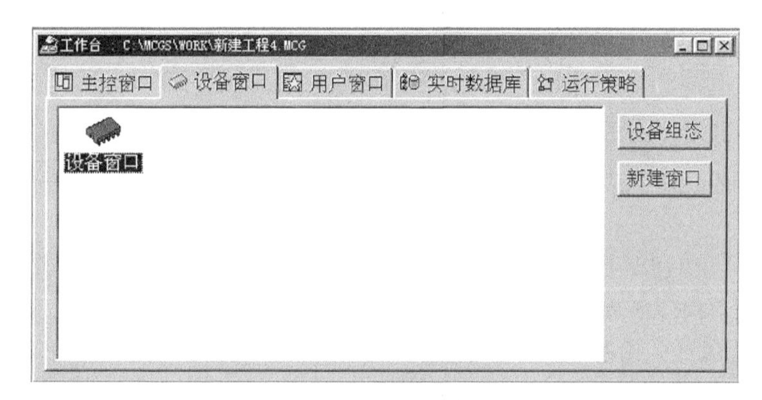

图 1-10 新建工程

(3) 在出现的新窗口的空白处右击，选择设备工具箱，把设备工具箱中的通用串口父设备、PLC 设备中的西门子 S7-200PPI 按先后顺序添加到新窗口中，出现图 1-11所示窗口。

分别双击图 1-11 中的“串口通讯父设备”和“西门子 S7-200PPI”图标，按照实验原理所述进行设置。

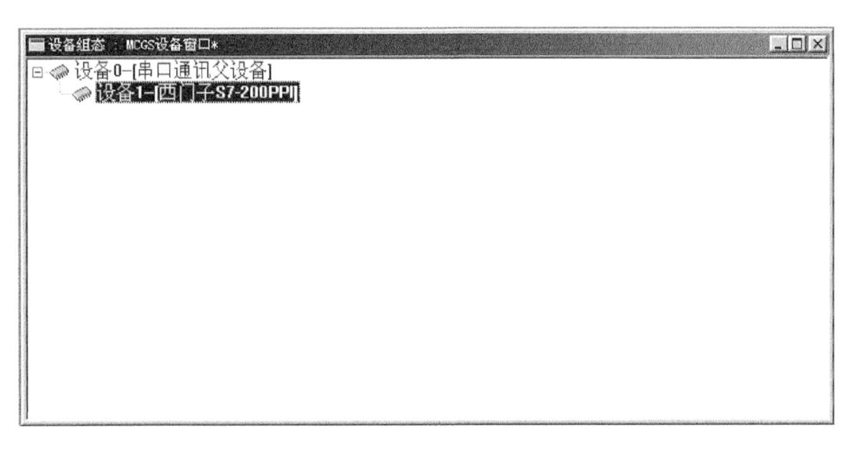

图 1-11　MCGS 设备窗口

(4) 数字量输入输出控制通讯。

双击图 1-11 中的“西门子 S7-200PPI”图标，在图中对其进行内部属性的设置。

按照实验原理中有关 S7-200(PPI)内部属性所述的方法，增加几个输出映象寄存器(如 Q0.0、Q0.1 等)并确认。(注意:操作方式选择只写。)

双击图 1-11 中“西门子 S7-200PPI”图标，在出现的窗口中单击“设备调试”，接下来找到一个需要改变输出状态的输出映象寄存器(如 Q0.0)，在通道值一栏中右击改变其状态并观察 TDGK-Ⅰ测控实验台上所对应器件的状态变化。

(5) 模拟量输入输出控制通讯。

① 模拟量输入。

结合 TDGK-Ⅰ过程控制综合实验台的实际，选取温度、液位、流量 3 个模拟量中的任何一个量并将其与任意一个模拟输入通道接好进行实验。编写一段 PLC 程序，将模拟量寄存器中的数据转存到 V 寄存器(如 VW100)。

按照实验原理中有关 S7-200(PPI)内部属性所述的方法，增加 1 个 V 寄存器(如 VW100)并确认。(注意:操作方式选择只读。)

双击图 1-11 中的“西门子 S7-200PPI”图标，在出现的窗口中单击“设备调试”，找到 WB100 所对应的通道值，观察通道值是否存在，如果存在则证明通讯成功。

② 模拟量输出。

结合 TDGK-Ⅰ过程控制综合实验台的实际，选择比例阀模拟控制信号进行实验。编写一段 PLC 程序，将 V 寄存器(如 VW200)中的数据送到 AQ 寄存器中输出。按照实验原理中有关 S7-200(PPI)内部属性所述的方法，增加 1 个 V 寄存器(如 VW200)并确认。(注意:操作方式选择只写。)

双击图 1-11 中的“西门子 S7-200PPI”图标，在出现的窗口中单击“设备调试”，找到 WB200 所对应的通道值，改变其值(给一个 5 000～32 000 之间的数)并利用数字量输出控制方法，使回水泵打开。如果上水箱中的水液面下降，则证明通讯成功。

五、实验注意事项

(1) 调试 PLC 程序时,主控台应该打在 PLC 控制挡。
(2) 进行上传或下载程序操作时要使 PLC 处于 STOP 工作状态。

六、思考题

(1) S7-200 各有多少输入、输出端口?
(2) 在 DCS 系统中,PLC 一般用于哪些场合?

实验九　单回路控制系统质量研究

一、实验目的

(1) 熟悉控制系统控制质量指标的构成及其含义。
(2) 掌握不同扰动方式对控制系统质量的影响。

二、实验原理

对一个控制系统而言，干扰通道和控制通道的时间常数一般不相同，或干扰进入系统的位置不同，控制质量就会不同。一般来说，控制通道的时间常数小一些为好，而干扰通道的时间常数愈大愈好，这样的系统克服干扰能力强。

三、主要仪器及耗材

TDGK-Ⅰ过程控制综合实验台。

四、实验内容与步骤

(1) 在教师的指导下，开启计算机，运行“TDGK-Ⅰ型过程控制综合实验台实验”，进入“单容液位(上水箱)PID控制实验(MCGS)”演示界面，将实验装置工作方式选择开关拨到计算机控制方式。按PI的控制方式设定相应的控制参数 P，I，D，为记录过渡过程曲线做好准备。P，I 参数大小设置和管路设计可参照实验七。

(2) 研究控制通道不变而干扰进入系统位置不同时的控制质量。实验过程如下：进入“单回路控制系统质量研究”演示界面，调节手动阀1或手动阀4的开度，将扰动加到系统所需的位置，或改变液位设定值，作为扰动加入控制系统。分别记录上述不同扰动下曲线在经过几次波动稳定之后的过渡过程曲线，并分析其控制质量指标。

(3) 自行设计实验管路和实验步骤(参照实验七)。

五、数据处理与分析

记录实验数据，分析实验曲线。

六、实验注意事项

实验管道连接时，管道接口必须牢固，注意水泵方向。

七、思考题

(1) 如何用框图表示控制系统的构成？干扰作用在框图上如何表示？
(2) 通过框图说明干扰进入系统位置变化对控制质量的影响。

实验十 单容下水箱液位定值PID控制

一、实验目的

(1) 进一步了解单容对象的特性。

(2) 掌握调节器参数的整定与投运方法。

二、实验原理

本实验系统以中水箱为被控对象,下水箱的液位高度为系统的被控制量。基于系统的给定量是一定值,要求被控制量在稳态时等于给定量所要求的值,所以调节器的控制规律为PI或PID。图1-12为控制系统框图。

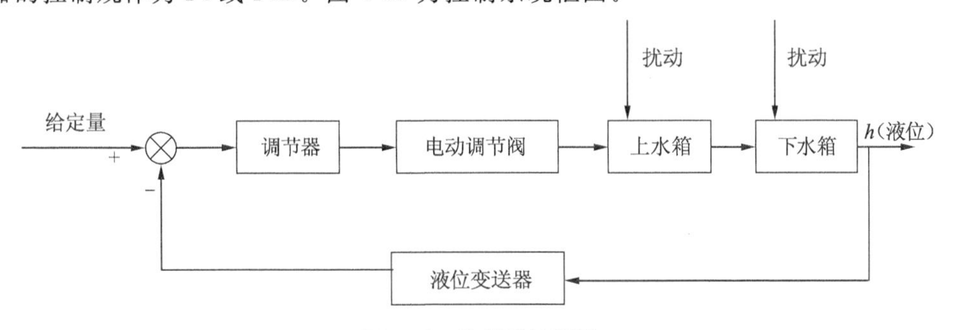

图1-12 控制系统框图

三、主要仪器及耗材

TDGK-Ⅰ过程控制综合实验台。

四、实验内容与步骤

(1) 打开手动阀1、3、5(全开)、6(开到适当位置)。

(2) 用实验七中所述的方法整定调节器的相关参数。

(3) 通过反复多次调节PI的参数,使系统具有较满意的动态性能指标。用计算机记录此时系统的动态响应曲线。

五、实验报告

（1）用实验方法确定调节器的参数。

（2）列表表示在上述参数下，系统阶跃响应的动、静态性能。

（3）列表表示在上述参数下，系统在扰动作用于上水箱或中水箱时输出响应的动态性能。

六、数据处理与分析

记录实验数据，分析实验曲线。

七、实验注意事项

上水箱出水管开度不能过大。

八、思考题

（1）为什么本实验较上水箱液位定值控制系统更容易引起振荡？如果达到同样的动态性能指标，为什么本实验中调节器的比例度和积分时间常数均比实验七的大？

（2）你能说出下水箱的时间常数比中水箱的时间常数大的原因吗？

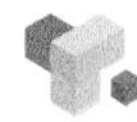

实验十一　双容下水箱液位串级控制

一、实验目的

(1) 熟悉串级控制系统的结构与控制特点。
(2) 掌握串级控制系统的投运与参数整定方法。

二、实验原理

图 1-13 为上水箱液位和中水箱液位串级控制系统框图。

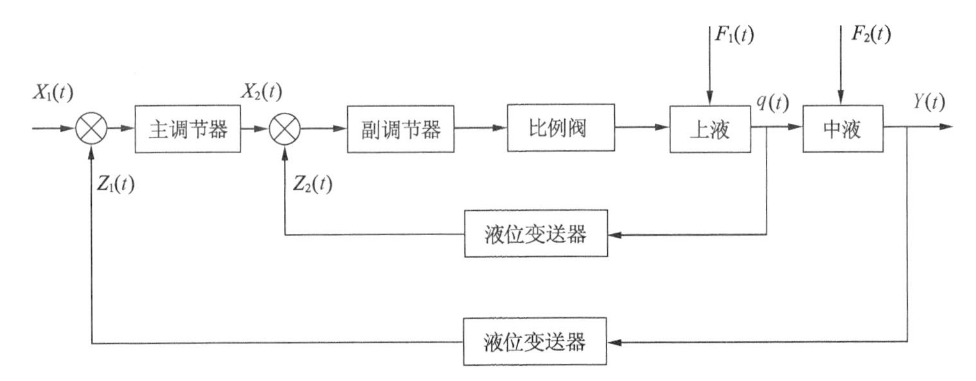

图 1-13　液位和流量串级控制系统框图

这种系统具有 2 个调节器、2 个闭合回路和 1 个执行机构,2 个调节器分别设置在主、副回路中,设在主回路的调节器称为主调节器,设在副回路的调节器称为副调节器。2 个调节器串联,主调节器的输出作为副回路的给定量,主、副调节器的输出分别控制 2 个执行元件。主对象的输出为系统的被控制量上中水箱液位,副对象的输出是一个辅助控制变量。

三、主要仪器及耗材

TDGK-Ⅰ过程控制综合实验台。

四、实验内容与步骤

(1) 打开手动阀 1、3、5,并将其开度调至最大(全开)位置,手动阀 6 开到适当位置。将实验装置工作方式选择开关拨到采集卡控制方式。

(2) 开启计算机,运行"TDGK-Ⅰ过程控制综合实验台实验",进入"双容下水箱液位串级控制"演示界面,将实验装置工作方式选择开关拨到计算机控制方式。设置相关参数,单击 启动/停止 按钮,不断调整相关参数,直至满足要求。

五、数据处理与分析

(1) 扰动作用于主、副对象,观察其对主变量(被控制量)的影响。
(2) 观察并分析副调节器 δ 的大小对系统动态性能的影响。
(3) 观察并分析主调节器 δ 与 T_i 对系统动态性能的影响。

六、实验注意事项

扰动不能过大,10%～15%为宜,否则容易引起振荡。

七、思考题

(1) 试述串级控制系统对主扰动具有很强的抗干扰能力的原因。如果副对象的时间常数不是远小于主对象的时间常数,这时副回路还具有抗干扰的优越性吗?为什么?

(2) 改变副调节器比例放大倍数的大小,对串级控制系统的扰动能力有什么影响?试从理论上给予说明。

(3) 分析串级系统比单回路系统控制质量高的原因。

实验十二　流量控制

一、实验目的

(1) 熟悉单回路流量控制系统的组成。
(2) 掌握跟踪曲线控制对系统的控制。

二、实验原理

由前面的实验可知,负反馈控制系统的一个主要优点是输出量(被控制量)经检测元件检测后反馈到系统的输入端与给定值相比较,所得的偏差信号经调节器处理后变成一个对被控过程的控制信号,从而实现被控制量排除系统内外扰动的影响而基本保持不变的目的。图 1-14 所示的流量控制系统就是这样一种系统。该系统的输出随着给定量大小的变化而变化。

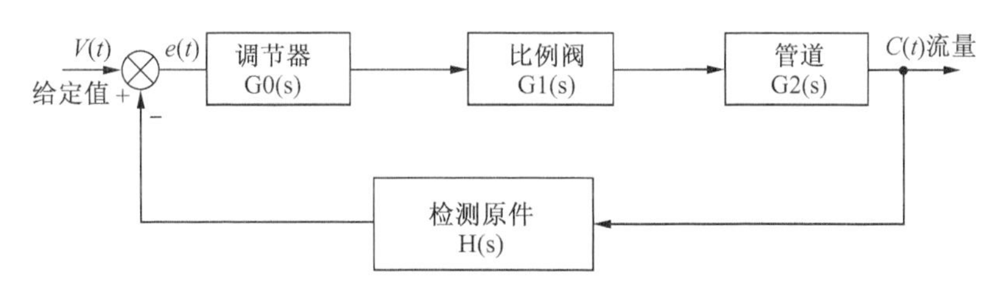

图 1-14　流量单回路控制系统

在工业实际过程中,流量控制系统与液位控制系统一样,它的控制质量完全取决于所用调节器的形式及其参数的大小。比例(P)调节器通过调节比例度 δ 来实现对系统的控制作用。一般而言,δ 越小,系统的余差也越小,但超调量等动态性能指标变差。反之,δ 越大,系统的余差也越大,系统的动态过程缓慢,超调量变小。比例积分(PI)调节器产生的控制作用有 2 个部分:与偏差成比例部分和偏差的积分部分。由于积分的作用,可使系统无余差产生,但积分时间常数不能太小,否则系统会变得不稳定。

比例积分(PI)调节器既可以实现系统无余差,又能改善系统的稳定度和响应的快速性,其可调参数有 2 个:δ 和 T_i。

三、主要仪器及耗材

TDGK-Ⅰ过程控制综合实验台。

四、实验内容与步骤

熟悉 MCGS 软件的操作，设计一个一阶单回路流量控制系统，以计算机为调节器，模拟输入通道与流量传感器相连，获得输入信号（即测量值信号），经程序比较测量值与设定值的偏差，通过对偏差的 P、PI 或 PID 调节器得到控制信号（即输出值），PLC 通过通道输出控制信号到比例阀控制比例阀的开度，从而达到控制回路流量的目的。PLC 直接和上位机进行通讯，从而实现了上位机可以直接设定给定值、整定 PID 参数、自动手动无扰动切换、实时跟踪绘图等功能。

具体步骤如下：

（1）打开手动阀 1、3、5（全开）。

（2）开启计算机，运行“TDGK-Ⅰ过程控制综合实验台实验”，进入“上水箱流量控制实验”演示界面，将实验装置工作方式选择开关拨到计算机控制方式。

（3）运行时设定值（0.28～0.36 t/h）、测量值、输出值 OP 不同颜色的彩条会根据各自的数据对象做相应的跟踪。它们分别反应实时控制流量的各动态值。实时曲线所记录的是当前实验的数据，退出实验后即终止控制，实验数据将保留在历史曲线数据库中，供随时查询。

五、数据处理与分析

（1）记录实验数据，分析实验曲线，比较实际实验曲线与预先设定曲线的差别，并简要分析原因。

（2）试编写一个曲线控制算法程序。

六、思考题

（1）试将曲线控制与其他控制做简要比较。

（2）如何改进曲线控制对系统的控制效果？

实验十三　比值控制系统

一、实验目的

(1) 了解比值控制系统的原理。

(2) 掌握单闭环比值控制系统的方案实施、投运和整定。

(3) 熟悉其他类型比值控制系统的实施方法。

二、实验原理

1. 比值控制原理

凡是两个或多个参数自动维持一定比值关系的过程控制系统，统称为比值控制系统。在控制两种物料的比值系统中，起主导作用而又不可控的物料流量称为主动量 q_1，跟随主动量变化的物料流量称为从动量 q_2，q_1 和 q_2 保持一定的比值，即

$$K=\frac{q_2}{q_1} \tag{1-1}$$

2. 单闭环比值控制(闭环加扰动)

图 1-15 所示为单闭环比值控制系统框图。

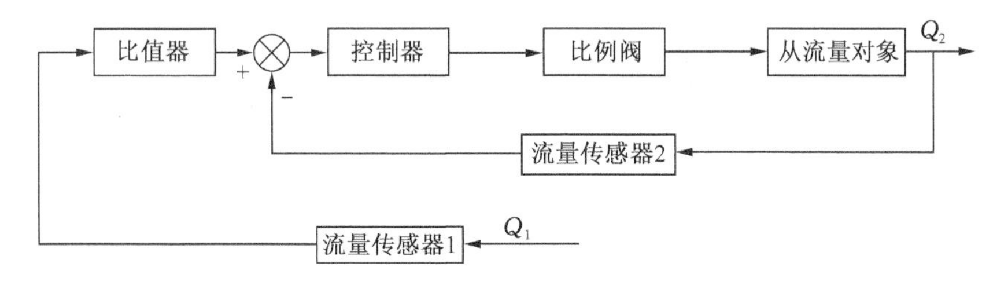

图 1-15　单闭环比值控制系统框图

从图中可见，从动量 Q_2(Q 是 q 的频域量，下标不变)是一个闭环随动控制系统，主动量 Q_1 是开环的。Q_1 经过比值器作为 Q_2 的给定值，所以 Q_2 能按一定的比值 K 跟随 Q_1 变化，当 Q_1 不变而 Q_2 受到扰动时，则可通过 Q_2 的闭环回路进行定值控制，使 Q_2 调回到 Q_1 的给定值上，两者的流量在原数值上保持不变。当 Q_1 受到扰动时，即改变了 Q_2 的给定值，使 Q_2 跟随 Q_1 变化，从而保证原设定的比值不变。当 Q_1、Q_2 同时受

到扰动时，Q_2回路在克服扰动的同时，又根据新的给定值，使主、从动量(Q_1、Q_2)在新的流量数值的基础上保持其原设定值的比值关系。

三、主要仪器及耗材

TDGK-Ⅰ过程控制综合实验台。

四、实验内容与步骤

(1) 打开手动阀1、3、5、6、8、9，并将其开度调至最大(全开)位置，关闭其他所有手动阀。

(2) 开启计算机，运行"TDGK-Ⅰ过程控制综合实验台实验"，进入"比值控制"演示界面，将实验装置工作方式选择开关拨到计算机控制方式，按要求设定好相关参数。

(3) 改变手动阀9至合适开度，观察并记录流量显示表1和流量显示表2的读数，填入表1-6中并计算比值控制的比值K。或由计算机实时自动记录上述数据，并自动绘出相关曲线。

表1-6　流量显示表及比值记录

序号	流量显示表1	流量显示表2	比值K
1			
2			
3			
4			
5			
6			

(4) 保持手动阀6的开度不变，微调手动阀2的开度，观察流量显示表2的流量显示，看其是否能够恢复到初始流量，以确定该单闭环比值控制系统Q_2的闭合回路是否具有抗扰动的能力。或由计算机实时自动记录上述数据，并自动绘出相关曲线。

(5) 同时改变手动阀2(微调)和手动阀6的开度，观察Q_1和Q_2同时受到扰动时，Q_2回路能否在克服本回路扰动的同时，能够根据Q_1提供的新给定值，使主、从动量(Q_1、Q_2)在新的流量数值的基础上保持其原有设定值的比值关系。或由计算机实时自动记录上述数据，并自动绘出相关曲线。

五、数据处理与分析

(1) 记录主、从动量的过渡过程曲线。

（2）分析处理曲线，试写出过程的广义传递函数。

六、思考题

（1）根据比值控制系统的设计方法，设计一个温度或液位的单闭环比值控制系统。

（2）试分析单闭环比值控制系统的优、缺点。

实验十四　换热器的静态特性

一、实验目的

(1) 了解换热器的静态特性。
(2) 了解换热器静态放大系数的意义。

二、实验原理

1. 基本方程式

传热过程工艺计算的两个基本方程式是热量衡算式与传热速率方程式，它们是构成换热器静态特性的两个基本方程式。

(1) 热量衡算式

根据流体在传热过程中发生相变与否，可分为两种情况。

① 流体在传热过程中发生相的变化（如冷凝或汽化），且该流体温度不变，则有

$$q=G\gamma \tag{1-2}$$

式中：q——传热速率，kcal/h；
G——流体发生相变的质量流量（冷凝或汽化量）；
γ——流体的相变热（冷凝或汽化热），kcal/h。

② 流体在传热过程中无相的变化，则有

$$q=GC(\theta_o-\theta_i) \tag{1-3}$$

式中：G——流体质量流量，kg/h；
C——流体在进、出口温度范围内的平均比热，kcal/(kg・℃)；
θ_o——流体出换热器的温度，℃；
θ_i——流体进换热器的温度，℃。

热量衡算式表明，当不考虑热损失时，热流体释放的热量应该等于冷流体吸收的热量，其基本形式有：

$$G_1\gamma_1=G_2\gamma_2 \quad \text{（两种流体均发生相变）} \tag{1-4}$$

$$G_1\gamma_1=G_2C_2(\theta_{2o}-\theta_{2i}) \quad \text{（仅一种流体发生相变）} \tag{1-5}$$

$$G_1C_1(\theta_{1o}-\theta_{1i})=G_2C_2(\theta_{2o}-\theta_{2i}) \quad \text{（两种流体均未发生相变）} \tag{1-6}$$

式(1-6)中，变量下标1，2分别表示流体1和流体2；温度下标中的i表示进口，o表示出口。

(2) 传热速率方程式

热量的传递方向总是由高温物体传向低温物体,两物体之间的温差是传热的推动力,温差越大,传热速率越大。传热速率方程式是

$$q=UA_{m}\Delta\theta_{m} \tag{1-7}$$

式中:q——传热速率,kcal/h;

U——传热总系数,kcal/(m^3·h·℃);

A_m——平均传热面积,m^2;

$\Delta\theta_m$——平均温度差,℃。

其中,U 是衡量热交换器性能好坏的一个重要指标,U 值越大,换热器的传热性能越好。U 的数值取决于 3 个串联热阻(即管壁两侧对流给热的热阻及管壁自身的热传导热阻),这 3 个串联热阻中以管壁两侧对流给热系数 h 为影响 U 的最主要因素,因此,凡能影响 h 的因素均能影响 U 值。$\Delta\theta_m$ 是换热器各个截面上冷、热两种流体温度差的平均值。在不同情况下,$\Delta\theta_m$ 的计算方法是不同的,需要时可参考有关资料。

2. 换热器静态特性的基本方程式

(1) 热量平衡关系式

为了处理方便,弄清主要问题,可以忽略一些次要因素(如热损失),使热流体释放的热量等于冷流体吸收的热量。

$$q=G_1C_1(\theta_{1o}-\theta_{1i})=G_2C_2(\theta_{2o}-\theta_{2i}) \tag{1-8}$$

式中:q——传热速率,kcal/h;

G——流体质量流量,kg/h;

C——平均比热,kcal/(kg·℃);

θ——温度,℃;

式(1-8)中的下标 1 表示冷流体,2 表示热流体,i 表示进口,o 表示出口。

进口条件确定后,式(1-8)中仍有两个未知数 θ_{1o} 和 θ_{2o},仅凭这一关系,还不能完全规定系统的状态,尚需找出传热速率的关系。

(2) 传热速率关系式

$$q=UA_{m}\Delta\theta_{m} \tag{1-9}$$

式中,$\Delta\theta_m$ 平均稳定,在逆流、单程条件下是一个对数平均值:

$$\Delta\theta_m=(\theta_{2o}-\theta_{1i})-(\theta_{2i}-\theta_{1o})$$

三、主要仪器及耗材

TDGK-Ⅰ过程控制综合实验台。

四、实验内容与步骤

(1) 首先在手动方式下向下水箱注水,达到一定液位后,开启加热器,把内胆温度升至 50 ℃左右,然后关闭加热器。

(2) 打开手动阀 1、2、7、9、10,关闭其他手动阀。

(3) 开启计算机,运行“TDGK-Ⅰ过程控制综合实验台实验”,进入“换热器热静态特性实验”演示界面,设置相关参数,单击 启动/停止 按钮,观察实时曲线,观察一段时间结束运行,单击 实验数据浏览 按钮,记录实验数据(可以根据时间查找记录的数据)。

五、数据处理与分析

记录数据采样点若干组,验证热量平衡关系式。

六、实验注意事项

(1) 实验中必须确保水位淹没加热器,严禁加热器干烧。

(2) 本实验中,1 kcal=4.187 kJ。

七、思考题

(1) 温度系统为什么比流量、液位系统难控制?

(2) 根据实验数据,确定换热器的特征参数。

第二章

圈流粉磨工艺系列实验

实验一　粉磨工艺布置的熟悉、测绘及研究

一、实验目的

（1）了解粉磨工艺布置、工作过程与原理。

（2）掌握粉磨工艺布置的设计方法。

二、实验原理

粉磨系统工艺流程如图 2-1 所示。

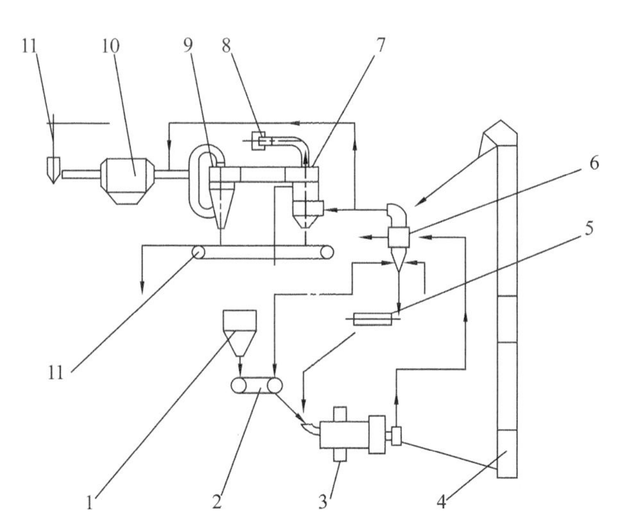

1—料仓；2—电子皮带秤；3—筒辊磨；4—提升机；5—螺旋电子秤；

6—选粉机；7—双重分离器；8,11—风机；9—双出风口分离器；10—袋收尘器

图 2-1　粉磨系统工艺流程图

预烘干物料（水分小于 2%）从料仓 1 通过电子皮带秤 2 流入筒辊磨 3，经磨辊与磨筒体多次反复碾磨作用，并经尾部球化装置碾磨后排出磨机，经提升机 4 进入 N50 选粉机 6 分级选粉，粗粉经螺旋电子秤 5 计量后回磨，细粉经双重分离器 7、双出风口分离器 9 进入袋收尘器 10，产品收下，净化气体从风机 11 排出，分离器 7 中的净化气体从风机 8 排出。

三、主要仪器及耗材

MTG300圈流粉磨工艺实验系统。

四、实验内容与步骤

(1) 根据上述工艺流程图,熟悉现场工艺布置。
(2) 测量各主机的外形及安装尺寸。
(3) 测量各安装管道的尺寸。
(4) 检查各设备的规格型号。

五、数据处理与分析

(1) 画出带管线阀门的工艺设备流程图。
(2) 做出比较翔实的工艺设备表。
(3) 6人一组合作完成一份完整的工艺布置图,1人做平面图,4人各做不同的纵剖面图,1人做基础图。
(4) 对本工艺布置提出改进方案。(要求:有分析,有改进,构思图越具体越好)

六、实验注意事项

测量过程中关闭电源开关和闸门,如需拆开设备结构,测量完成后及时安装到位。离开现场前须检查设备、管道等各部位是否恢复原状。

七、思考题

(1) 圈流粉磨与开流粉磨有什么区别?
(2) 水泥厂常用的粉磨设备有哪些?

实验二　筒辊磨工作机理和结构的熟悉、测绘及研究

一、实验目的

熟悉筒辊磨的工作机理和结构。

二、实验原理

筒辊磨工作机理和结构如图 2-2 所示。

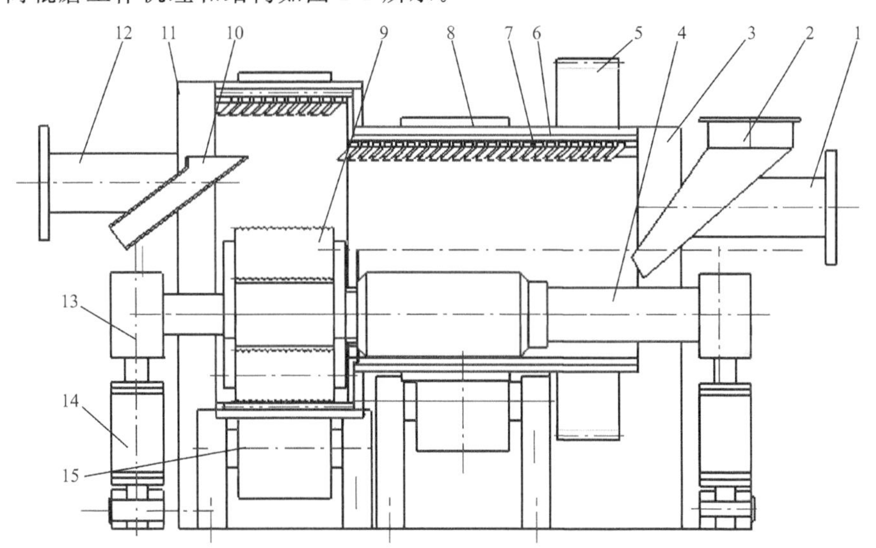

1—热风进口；2—喂料口；3—进料端密封；4—加压辊；5—传动系统；
6—筒体；7—导料装置；8—轮带；9—球化装置；10—出料口；11—出料端密封；
12—排风口；13—加压装置；14—液压系统；15—支承装置

图 2-2　筒辊磨工作机理和结构

被磨物料经由喂料口 2 下落在一水平回转的圆柱形筒体 6 内，筒体由传动系统 5、支承装置 15 驱动，随着筒体的回转运动进入由筒体与加压辊 4 构成的碾磨区域，磨辊依靠液压系统 14、加压装置 13 向加压辊两端同步施压，加压辊借助被磨物料挤压力引起的摩擦作用被动地回转运动，物料在挤压通道内完成一次粉碎作业后被提升并经由导料装置 7 实现向磨机出口方向的运动，接受下一次挤压粉磨作业。经多次挤压粉磨后的物料离开磨床，从出料口 10 排出磨机。在加压辊的出料端，装有一个随加压辊转动的碾磨球化装置 9，相应部位的筒体直径也增大，由于相对速度发生变化，因此，粉料在此受到强烈的碾磨作用，近似于球磨机碾磨仓。

三、主要仪器及耗材

MTG300圈流粉磨工艺实验系统。

四、实验内容与步骤

(1) 根据筒辊磨的工作机理及结构图，熟悉现场设备。
(2) 测绘筒辊磨的外形及安装尺寸。
(3) 研究分析筒辊磨的内部结构。
(4) 研究分析筒辊磨的工作机理。

五、数据处理与分析

(1) 绘制筒辊磨的外形结构图。
(2) 画出筒辊磨碾压物料的工作机理图，比较其与立磨、辊压机、球磨机的异同点。
(3) 分析并预测筒辊磨工作和设计的关键点。

六、实验注意事项

测量过程中关闭电源开关和闸门，如需拆开设备结构，测量完成后及时安装到位。离开现场前须检查设备、管道等各部位是否恢复原状。

七、思考题

(1) 筒辊磨与其他预粉磨设备相比有什么特点？
(2) 如何保证辊两端驱动的液压缸同步运行？若不同步，有什么影响？

实验三　辊压机工作机理和结构的熟悉、测绘及研究

一、实验目的

熟悉辊压机的工作机理和结构。

二、实验原理

辊压机是根据料床粉磨原理设计而成的，其主要特征是高压、满速、满料、料床粉碎。辊压机由两个相向同步转动的挤压辊组成，一个为固定辊，另一个为活动辊。

物料从两辊上方给入，被挤压辊连续带入辊间，受到 100～150 MPa 的高压作用后，变成密实的料饼从机下排出。排出的料饼，除含有一定比例的细粒成品外，在非成品颗粒的内部产生大量裂纹，可改善物料的易磨性，且在进一步粉碎过程中，可较大地降低粉磨能耗。图 2-3 为辊压机工作原理示意图。

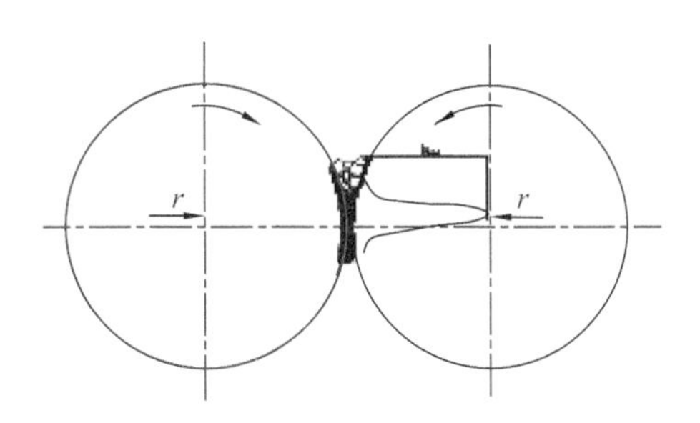

图 2-3　辊压机工作原理示意图

物料通过磨辊主要分为 3 个阶段：满料密集、层压粉碎和结团排料。

辊压机由两个辊子和一套产生高压的液压系统构成，辊压机的主要结构如图 2-4 所示，包括压辊轴系、传动装置、主机架、液压系统、进料装置等。

辊压机工作时，两辊相向旋转，辊间保持一定的工作间隙。物料从间隙上方以一定压力给入两辊间，随着辊子的旋转向下运动。大颗粒物料在粉碎区域上部被粉碎至较小颗粒，在进一步向下运动时，由于大部分物料颗粒都小于辊间隙而形成料层粉碎。在这一过程中物料受到的压力逐渐增大，在通过两辊轴线的平面处达到最大。在巨大的压力下，物料被粉碎至极细粒度，并形成料饼。

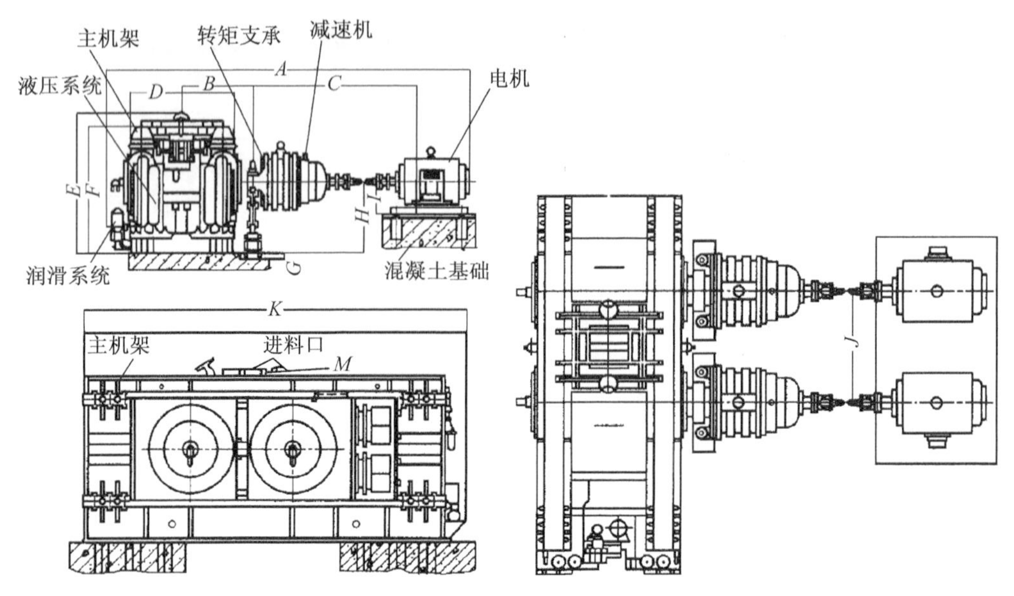

图 2-4 辊压机结构图

三、主要仪器及耗材

辊压机圈流粉磨工艺实验系统。

四、实验内容与步骤

(1) 根据辊压机工作原理及结构图,熟悉现场设备。
(2) 测绘辊压机的外形及安装尺寸。
(3) 研究分析辊压机的内部结构。
(4) 研究分析辊压机的工作机理。

五、数据处理与分析

(1) 绘制辊压机外形结构图。
(2) 画出辊压机碾压物料的工作机理图,比较其与立磨、筒辊磨、球磨机的异同点。
(3) 分析并预测辊压机工作和设计的关键点。

六、实验注意事项

测量过程中关闭电源开关和闸门,如需拆开设备结构,测量完成后及时安装到位。离开现场前须检查设备、管道等各部位是否恢复原状。

七、思考题

（1）辊压机与其他预粉磨设备相比有什么特点？

（2）影响辊压机粉磨效率的因素有哪些？

实验四　OSPEA 选粉机工作机理和结构的熟悉、测绘及研究

一、实验目的

熟悉 OSPEA 选粉机的工作机理和结构。

二、实验原理

选粉机工作机理和结构示意图如图 2-5 所示，请结合教材对照实物理解选粉机的工作机理和各部分结构。

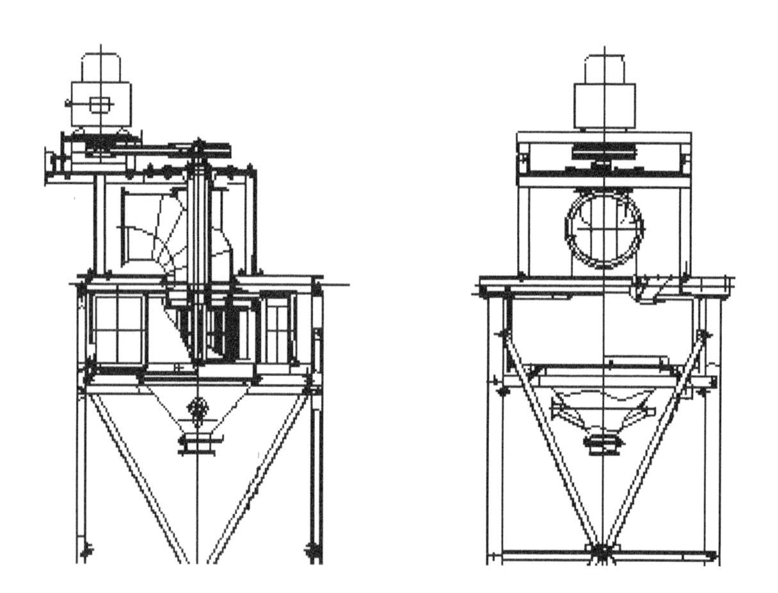

图 2-5　选粉机工作机理和结构

三、主要仪器及耗材

MTG300 圈流粉磨工艺实验系统。

四、实验内容与步骤

(1) 根据选粉机的工作机理示意和结构图，熟悉现场设备。

(2) 测绘选粉机的外形及安装尺寸。

(3) 研究并分析选粉机的内部结构。

(4) 研究并分析选粉机的工作机理,注意一次风、二次风和三次风的设置。

五、数据处理与分析

(1) 绘制选粉机的外形结构图。

(2) 分析该选粉机与转子选粉机的异同点。

(3) 评价该选粉机在设计、制造、安装、管道匹配方面可能存在的问题,并提出切实的改进意见。

六、实验注意事项

测量过程中关闭电源开关和闸门,如需拆开设备结构,测量完成后及时安装到位。离开现场前须检查设备、管道等各部位是否恢复原状。

七、思考题

(1) OSPEA 选粉机与离心式选粉机、转子选粉机在结构上有何不同?

(2) 一、二、三次风如何分配?

实验五　分离器、收尘器工作机理和结构的熟悉、测绘及研究

一、实验目的

熟悉分离器、收尘器的工作机理和结构。

二、实验原理

分离器、收尘器的工作机理和结构详见教材和实物。

三、主要仪器及耗材

MTG300 圈流粉磨工艺实验系统。

四、实验内容与步骤

(1) 熟悉现场设备。
(2) 测绘分离器、收尘器的外形及安装尺寸。
(3) 研究并分析分离器、收尘器的内部结构。
(4) 研究并分析分离器、收尘器的工作机理,注意区分两种分离器的结构特点。

五、数据处理与分析

(1) 绘制分离器、收尘器的外形结构图。
(2) 分析该分离器、收尘器的特点。
(3) 评价该分离器的结构特色,分析在设计、制造、安装、管道匹配方面可能存在的问题,并提出切实的改进意见。

六、实验注意事项

测量过程中关闭电源开关和闸门,如需拆开设备结构,测量完成后及时安装到

位。离开现场前须检查设备、管道等各部位是否恢复原状。

七、思考题

（1）常用分离器、收尘器有哪几种？它们各自适用的场合是什么？

（2）布袋收尘器的优点有哪些？

实验六 输送设备、计量设备工作机理和结构的熟悉、测绘及研究

一、实验目的

熟悉输送设备、计量设备的工作机理和结构。

二、实验原理

输送设备、计量设备的工作机理和结构详见实物和产品说明书。

三、主要仪器及耗材

MTG300 圈流粉磨工艺实验系统。

四、实验内容与步骤

(1) 熟悉现场设备。
(2) 测绘输送设备、计量设备的外形及安装尺寸。
(3) 研究并分析输送设备、计量设备的内部结构。
(4) 研究并分析输送设备、计量设备的工作机理。

五、数据处理与分析

(1) 绘制输送设备、计量设备的外形结构图。
(2) 分析输送设备、计量设备的特点。

六、实验注意事项

测量过程中关闭电源开关和闸门,如需拆开设备结构,测量完成后及时安装到位。离开现场前须检查设备、管道等各部位是否恢复原状。

七、思考题

(1) 常见输送设备有哪几种？它们各自适用的场合是什么？
(2) 气力输送管道设置中应注意哪些要点？

实验七　粉磨工艺过程的控制方案及实施分析

一、实验目的

熟悉粉磨工艺过程的控制方案。

二、实验原理

粉磨系统工艺流程如图 2-6 所示。

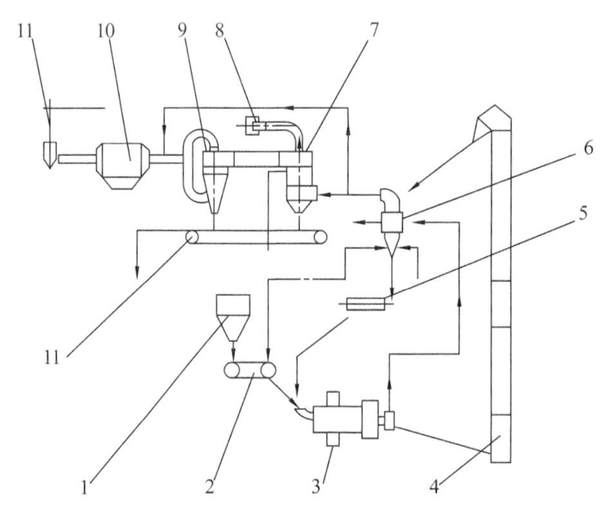

1—料仓；2—电子皮带秤；3—筒辊磨；4—提升机；5—螺旋电子秤；
6—选粉机；7—双重分离器；8,11—风机；9—双出风口分离器；10—袋收尘器

图 2-6　粉磨系统工艺流程图

预烘干物料(水分小于 2%)从料仓 1 通过电子皮带秤 2 流入筒辊磨 3，经磨辊与磨筒体多次反复碾磨作用，并经尾部球化装置碾磨后排出磨机，经提升机 4 进入 N50 选粉机 6 分级选粉后，粗粉经螺旋电子秤 5 计量后回磨，细粉经双重分离器 7、双出风口分离器 9 进入袋收尘器 10，产品收下，净化气体从风机 11 排出，风机 8 排出分离器 7 中净化气体。

三、主要仪器及耗材

MTG300 圈流粉磨工艺实验系统。

四、实验内容与步骤

(1) 熟悉现场设备及控制面板各相关仪表指示。

(2) 根据现场工艺情况,提出控制设计方案。

(3) 根据现场工艺情况,判断本实验已有的控制方案的可行性。

(4) 研究并分析各分立控制回路控制变量、被控变量、测量变送装置、控制方式的具体选择。

五、数据处理与分析

将实验内容(2),(3),(4)写入实验报告。

六、实验注意事项

开停机过程中,注意顺序。如遇紧急情况,按下“紧急停机”按钮,报告实验指导老师,不得私自拆卸。

七、思考题

如何实现实验室现有工艺的最佳控制?

实验八　粉磨设备基本操作及主要数据记录分析

一、实验目的

掌握粉磨设备的基本操作及主要数据的记录方法。

二、实验原理

粉磨系统工艺流程如图 2-7 所示。

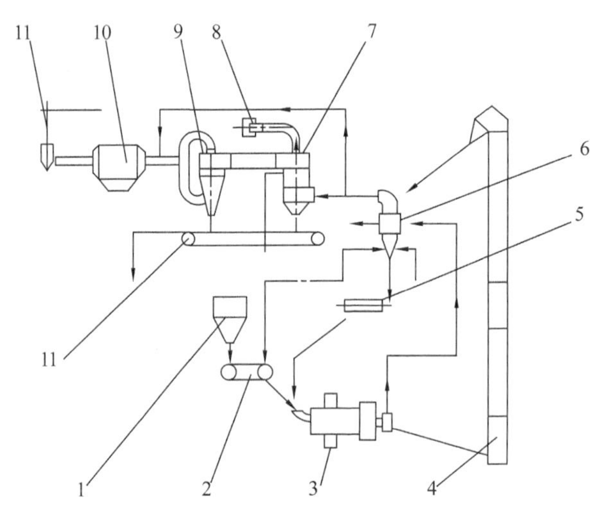

1—料仓；2—电子皮带秤；3—筒辊磨；4—提升机；5—螺旋电子秤；
6—选粉机；7—双重分离器；8,11—风机；9—双出风口分离器；10—袋收尘器

图 2-7　粉磨系统工艺流程图

预烘干物料(水分小于 2%)从料仓 1 通过电子皮带秤 2 流入筒辊磨 3，经磨辊与磨筒体多次反复碾磨作用，并经尾部球化装置碾磨后排出磨机，经提升机 4 进入 N50 选粉机 6 分级选粉后，粗粉经螺旋电子秤 5 计量后回磨，细粉经双重分离器 7、双出风口分离器 9 进入袋收尘器 10，产品收下，净化气体从风机 11 排出，风机 8 排出分离器 7 中净化气体。

三、主要仪器及耗材

MTG300 圈流粉磨工艺实验系统。

四、实验内容与步骤

(1) 开机前应检查:各设备是否处于完好状态;安装连接螺栓是否松动;有无打开的门、盖、密封罩、管道口等;有无正在进行设备检修的工作人员;电控柜各仪表读数是否处于正常状态;开机前控制面板各读数值、各管道阀位是否记下,各阀位启闭情况是否正常;料仓有无物料。

(2) 开机程式:本系统各机的启停应按下述顺序进行:

① 启动。袋收尘后风机和分离器风机→选粉机电机→提升机电机→螺旋电子秤→磨电机→磨加压至 3 MPa→磨喂料→料仓阀门打开→检查各机器各仪表读数有无异常,磨机轴承温升是否异常,有无粉尘外泄,如无异常,则可正常工作。观察实际启动程序是否一致,记录各仪表示值。

② 运行 15 分钟停机。停机顺序与开机顺序相反。将产品取出称重并记录,停机后检查设备有无异常。

五、数据处理与分析

将实验内容及记录写入实验报告。

六、实验注意事项

由专人负责按照操作规程开启电源开关和闸门,不得随意动手。设备运转过程中有异响时按下“紧急停机”按钮。注意粉尘的防护。离开现场前须检查设备、管道等各部位是否恢复原状。

七、思考题

(1) 分析与粉磨颗粒细度有关的操作参数。

(2) 能否实现由筒辊磨代替传统的球磨机? 为什么?

实验九　粉磨系统选粉效率、循环负荷检测和分析

一、实验目的

掌握粉磨系统选粉效率、循环负荷的检测和分析方法。

二、实验原理

粉磨系统工艺流程如图 2-8 所示。

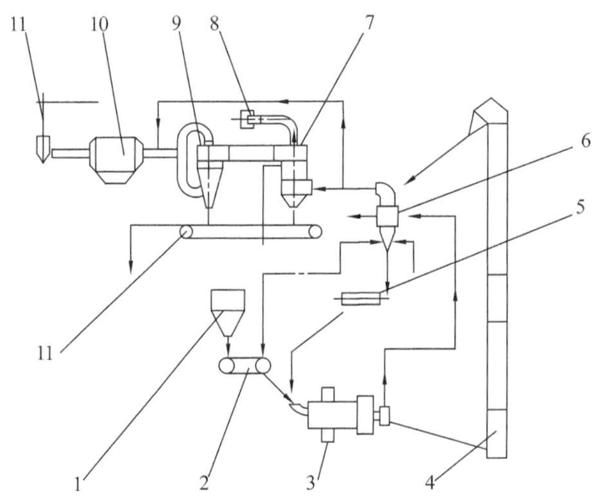

1—料仓；2—电子皮带秤；3—筒辊磨；4—提升机；5—螺旋电子秤；
6—选粉机；7—双重分离器；8,11—风机；9—双出风口分离器；10—袋收尘器

图 2-8　粉磨系统工艺流程图

预烘干物料(水分小于 2%)从料仓 1 通过电子皮带秤 2 流入筒辊磨 3，经磨辊与磨筒体多次反复碾磨作用，并经尾部球化装置碾磨后排出磨机，经提升机 4 进入 N50 选粉机 6 分级选粉后，粗粉经螺旋电子秤 5 计量后回磨，细粉经双重分离器 7、双出风口分离器 9 进入袋收尘器 10，产品收下，净化气体从风机 11 排出，风机 8 排出分离器 7 中净化气体。

三、主要仪器及耗材

MTG300 圈流粉磨工艺实验系统、矿石、套筛。

四、实验内容与步骤

(1) 开机前应检查:各设备是否处于完好状态;安装连接螺栓是否松动;有无打开的门、盖、密封罩、管道口等;有无正在进行设备检修的工作人员;电控柜各仪表读数是否处于正常状态;开机前控制面板各读数值、各管道阀位是否记下,各阀位启闭情况是否正常;料仓有无物料。

(2) 开机程式:本系统各机的启停应按下述顺序进行:

① 启动:袋收尘后风机和分离器风机→选粉机电机→提升机电机→螺旋电子秤→磨电机→磨加压至 3 MPa→磨喂料→料仓阀门打开→检查各机器各仪表读数有无异常,磨机轴承温升是否异常,有无粉尘外泄,如无异常,则可正常工作。观察实际启动程序是否一致,记录各仪表示值。

② 运行 15 分钟停机,停机顺序与开机顺序相反。将产品取出称重并记录,停机后检查设备有无异常。

(3) 开机。正常运行后,调整粉磨喂料量到 150 kg/h,逐渐加压至 3.5 MPa,测读仪表示值。

(4) 取样。用筛析法得出磨回粉成品筛余 a_1、b_1、c_1。

(5) 调磨辊压力到 4 MPa,正常后重复测取 a_2、b_2、c_2 和电流、电压值。

(6) 留样保存,供下一实验用。

五、数据处理与分析

(1) 将实验内容及记录写入实验报告。

(2) 计算并比较选粉效率及循环负荷、相应能耗。

(3) 得出实验结论。

六、实验注意事项

由专人负责按照操作规程开启电源开关和闸门,不得随意动手。设备运转过程中有异响时按下“紧急停机”按钮。注意粉尘的防护。离开现场前须检查设备、管道等各部位是否恢复原状。

七、思考题

(1) 分析与选粉效率、循环负荷相关的因素。

(2) 如何提高选粉机的选粉效率?

实验十　粉磨产品的比表面积、细度和压力、产量的关系检测

一、实验目的

掌握粉磨产品的比表面积、细度和压力、产量的关系的检测方法。

二、实验原理

图 2-9 给出了安米德(Ankersmid)粒度测量系统的结构示意图。测量使用的是波长为 632.8 nm 的 He-Ne 激光束(A),其功率为 2 MW,通过旋转的楔形棱镜(B)对样品测量区域(G)进行圆形扫描,测量颗粒位于样品测量区域内,它们可以是动态的,也可以是静态的。当颗粒遮挡住旋转中的激光束时,就会引起 PIN 光电二极管(D)识取的激光束信号强度的降低,这个时刻为 t_B;由于激光束是做高速旋转运动的,当激光束扫过颗粒后,会引起 PIN 光电二极管(D)识取的激光束信号强度的增加,这个时刻为 t_D(如图 2-10 所示)。由于激光束的旋转线速度 v 是已知的,因此该颗粒的大小 d 可用公式(2-1)直接计算出来。

$$d=v(t_B-t_D) \tag{2-1}$$

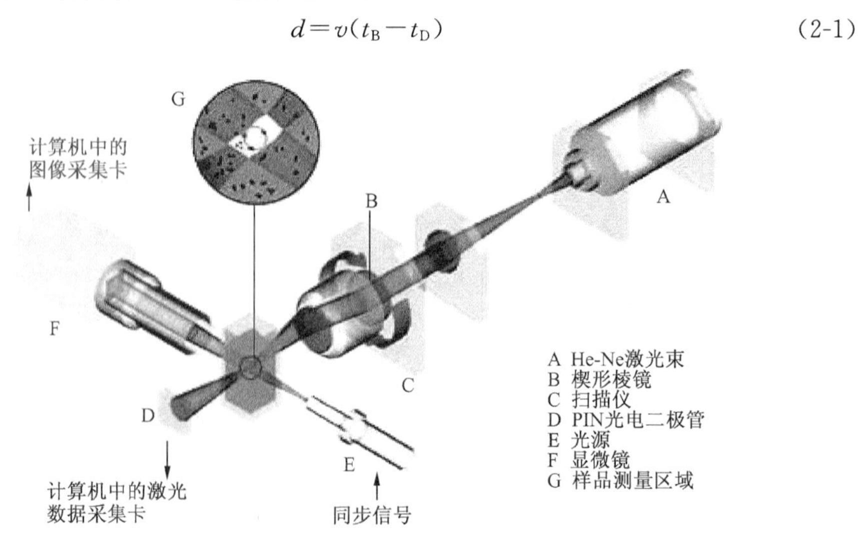

图 2-9　使用时间转换理论(TOT)和动态粒形分析的安米德粒度测量系统结构示意图

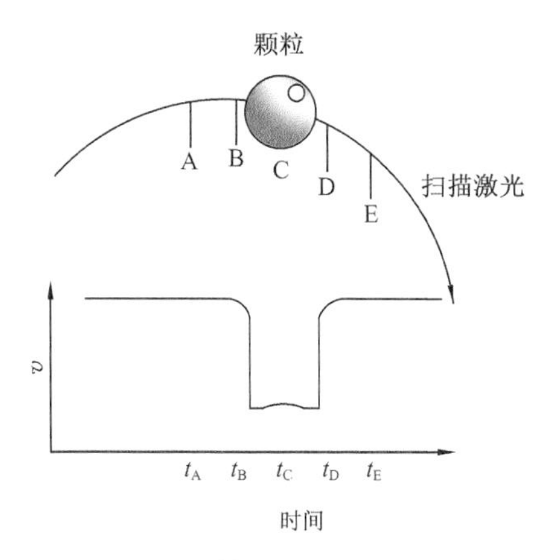

图 2-10 时间转换理论的时间域信息

三、主要仪器及耗材

激光粒度分析仪。

四、实验内容与步骤

激光粒度分析仪的操作步骤如下：

(1) 开机

粒度仪—分散系统—测试软件。

(2) 测试

① 向循环池中加水至溢流口下；

② 开启循环、超声波；

③ 在光学参数下选择所测量的物质(如测量水泥就选择“水泥”,测量矿粉就选择“通用”)；

④ 单击“测量”,选择“测试”菜单进入测试窗口；

⑤ 在测试窗口中单击“确认”后向循环池中加入所测样品至浓度数据为 30 左右；

⑥ 单击“单次”,出现测试结果窗口,然后输入样品名称进行保存；

⑦ 将测试完的样品排放掉后,向循环池中加水,清洗 2～3 次,直至清洗干净；

⑧ 在“样品查询”下查询测试结果。

(3) 关机

测试软件—分散系统—粒度仪。

五、数据处理与分析

(1) 取样分析并记录实验过程数据。

(2) 计算并比较比表面积、细度和压力、产量的关系。

六、实验注意事项

严格按照激光粒度测试仪的操作规程使用仪器。

七、思考题

(1) 取样过程中应注意哪些要点?
(2) 比表面积、细度和压力、产量的关系如何?

实验十一 粉磨过程压辊加载的检测和控制

一、实验目的

掌握粉磨过程压辊加载的检测和控制方法。

二、实验原理

粉磨系统工艺流程如图 2-11 所示。

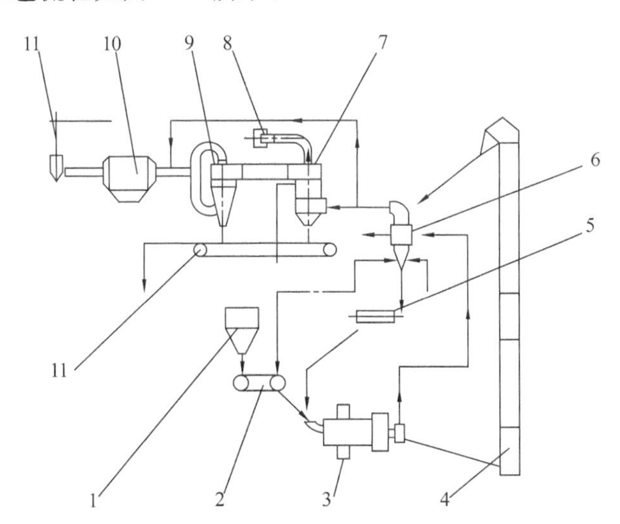

1—料仓；2—电子皮带秤；3—筒辊磨；4—提升机；5—螺旋电子秤；
6—选粉机；7—双重分离器；8,11—风机；9—双出风口分离器；10—袋收尘器

图 2-11 粉磨系统工艺流程图

预烘干物料(水分小于 2%)从料仓 1 通过电子皮带秤 2 流入筒辊磨 3,经磨辊与磨筒体多次反复碾磨作用,并经尾部球化装置碾磨后排出磨机,经提升机 4 进入 N50 选粉机 6 分级选粉后,粗粉经螺旋电子秤 5 计量后回磨,细粉经双重分离器 7、双出风口分离器 9 进入袋收尘器 10,产品收下,净化气体从风机 11 排出,风机 8 排出分离器 7 中净化气体。

三、主要仪器及耗材

MTG300 圈流粉磨工艺实验系统。

四、实验内容与步骤

(1) 开机前应检查:各设备是否处于完好状态;安装连接螺栓是否松动;有无打开的门、盖、密封罩、管道口等;有无正在进行设备检修的工作人员;电控柜各仪表读数是否处于正常状态;开机前控制面板各读数值、各管道阀位是否记下,各阀位启闭情况如何;料仓有无物料。

(2) 开机程式:本系统各机的启停应按下述顺序进行:

① 启动。袋收尘后风机和分离器风机→选粉机电机→提升机电机→螺旋电子秤→磨电机→磨加压至 3 MPa→磨喂料→料仓阀门打开→检查各机器各仪表读数有无异常,磨机轴承温升是否异常,有无粉尘外泄,如无异常,则可正常工作。观察实际启动程序是否一致,记录各仪表示值。

② 运行 15 分钟停机,停机顺序与开机顺序相反。将产品取出称重并记录,停机后检查设备有无异常。

(3) 将压力控制置于自动挡,观察粗粉回料计量变化与加料变化有何对应关系,读取对应值。

(4) 将压力置于手动挡,在不同压力下(3.5,3.8,4,4.2,4.5,4.8,5.0 MPa)读取对应的回粉量读数,并分别取样求 a、b、c,计算 η、N 和 G。

五、数据处理与分析

(1) 将实验内容及记录写入实验报告。

(2) 计算并比较压力对各粉磨参数的影响。

六、实验注意事项

由专人负责按照操作规程开启电源开关和闸门,不得随意动手。设备运转过程中有异响时按下“紧急停机”按钮。注意粉尘的防护。离开现场前须检查设备、管道等各部位是否恢复原状。

七、思考题

(1) 分析物料性质与加载压力之间的关系。

(2) 料层厚度对粉磨过程有何影响?

实验十二　粉磨产量的检测和控制

一、实验目的

掌握粉磨产量的检测和控制方法。

二、实验原理

粉磨系统工艺流程如图 2-12 所示。

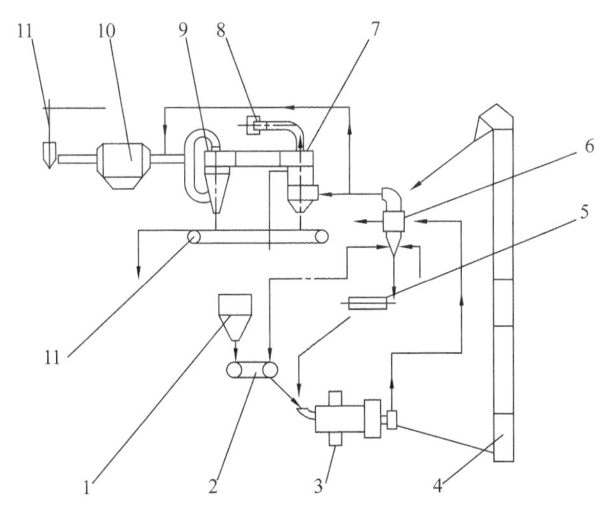

1—料仓；2—电子皮带秤；3—筒辊磨；4—提升机；5—螺旋电子秤；
6—选粉机；7—双重分离器；8,11—风机；9—双出风口分离器；10—袋收尘器

图 2-12　粉磨系统工艺流程图

预烘干物料(水分小于 2%)从料仓 1 通过电子皮带秤 2 流入筒辊磨 3,经磨辊与磨筒体多次反复碾磨作用,并经尾部球化装置碾磨后排出磨机,经提升机 4 进入 N50 选粉机 6 分级选粉后,粗粉经螺旋电子秤 5 计量后回磨,细粉经双重分离器 7、双出风口分离器 9 进入袋收尘器 10,产品收下,净化气体从风机 11 排出,风机 8 排出分离器 7 中净化气体。

三、主要仪器及耗材

MTG300 圈流粉磨工艺实验系统。

四、实验内容与步骤

(1) 开机前应检查:各设备是否处于完好状态;安装连接螺栓是否松动;有无打开的门、盖、密封罩、管道口等;有无正在进行设备检修的工作人员;电控柜各仪表读数是否处于正常状态;开机前控制面板各读数值、各管道阀位是否记下,各阀位启闭情况如何;料仓有无物料。

(2) 开机程式:本系统各机的启停应按下述顺序进行:

① 启动。袋收尘后风机和分离器风机→选粉机电机→提升机电机→螺旋电子秤→磨电机→磨加压至 3 MPa→磨喂料→料仓阀门打开→检查各机器各仪表读数有无异常,磨机轴承温升是否异常,有无粉尘外泄,如无异常,则可正常工作。观察实际启动程序是否一致,记录各仪表示值。

② 运行 15 分钟停机,停机顺序与开机顺序相反。将产品取出称重并记录,停机后检查设备有无异常。

(3) 将喂料控制置于自动挡,观察提升机电流变化与喂料电机信号有无对应关系,测取细度。

(4) 将喂料控制置于手动挡,改变喂料量到 180 kg/t,观察提升机电流变化与喂料电机信号有无对应关系,读取对应值情况,测取细度。

(5) 将压力置于手动挡,在不同压力下(3.5,3.8,4,4.2,4.5,4.8,5.0 MPa)读取对应的回粉量读数,并分别取样求 a、b、c,计算 η、N 和 G。

五、数据处理与分析

(1) 将实验内容及记录写入实验报告。

(2) 计算并比较压力喂料量对细度的影响。

六、实验注意事项

由专人负责按照操作规程开启电源开关和闸门,不得随意动手。设备运转过程中有异响时按下"紧急停机"按钮。注意粉尘的防护。离开现场前须检查设备、管道等各部位是否恢复原状。

七、思考题

(1) 考虑不调压力改变细度的方法。

(2) 粉磨产量与哪些因素相关?如何提高粉磨产量?

实验十三　粉磨系统管道风量的检测和调整

一、实验目的

掌握粉磨系统管道风量的检测和调整方法。

二、实验原理

粉磨系统工艺流程如图 2-13 所示。

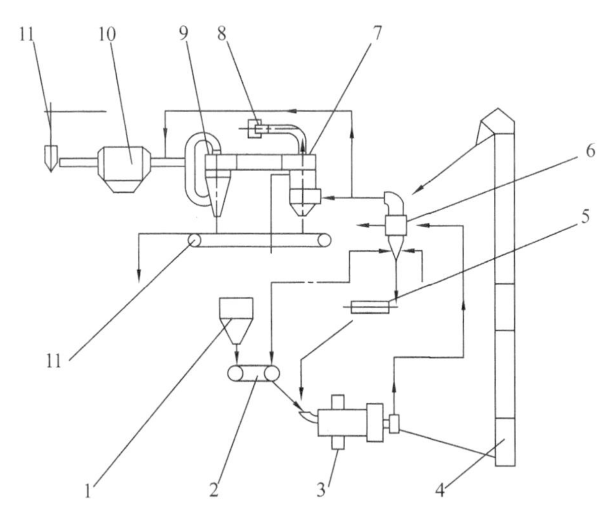

1—料仓；2—电子皮带秤；3—筒辊磨；4—提升机；5—螺旋电子秤；
6—选粉机；7—双重分离器；8,11—风机；9—双出风口分离器；10—袋收尘器

图 2-13　粉磨系统工艺流程图

预烘干物料(水分小于 2%)从料仓 1 通过电子皮带秤 2 流入筒辊磨 3,经磨辊与磨筒体多次反复碾磨作用,并经尾部球化装置碾磨后排出磨机,经提升机 4 进入 N50 选粉机 6 分级选粉后,粗粉经螺旋电子秤 5 计量后回磨,细粉经双重分离器 7、双出风口分离器 9 进入袋收尘器 10,产品收下,净化气体从风机 11 排出,风机 8 排出分离器 7 中净化气体。

三、主要仪器及耗材

MTG300 圈流粉磨工艺实验系统。

四、实验内容与步骤

(1) 开机前应检查:各设备是否处于完好状态;安装连接螺栓是否松动;有无打开的门、盖、密封罩、管道口等;有无正在进行设备检修的工作人员;电控柜各仪表读数是否处于正常状态;开机前控制面板各读数值、各管道阀位是否记下,各阀位启闭情况如何;料仓有无物料。

(2) 开机程式:本系统各机的启停应按下述顺序进行:

① 启动。袋收尘后风机和分离器风机→选粉机电机→提升电机→螺旋电子秤→磨电机→磨加压至 3 MPa→磨喂料→料仓阀门打开→检查各机器各仪表读数有无异常,磨机轴承温升是否异常,有无粉尘外泄,如无异常,则可正常工作。观察实际启动程序是否一致,记录各仪表示值。

② 运行 15 分钟停机,停机顺序与开机顺序相反。将产品取出称重并记录,停机后检查设备有无异常。

(3) 用毕托管测取各测试口的全压、动压和静压值,记录各控制阀门位置开度值。

(4) 改变某阀位,同上做测试和记录。

五、数据处理与分析

(1) 将实验内容及记录写入实验报告。

(2) 计算并比较各管道流量、流速和压力损失,检查漏风情况,评价分离器性能。

六、实验注意事项

由专人负责按照操作规程开启电源开关和闸门,不得随意动手。设备运转过程中有异响时按下“紧急停机”按钮。注意粉尘的防护。离开现场前须检查设备、管道等各部位是否恢复原状。

七、思考题

(1) 分析与分离器性能有关的参数。

(2) 根据压力损失数据分析本实验系统管道的设置是否合理。

实验十四　分离器分离效率的检测和调整

一、实验目的

掌握分离器分离效率的检测和调整方法。

二、实验原理

粉磨系统工艺流程如图 2-14 所示。

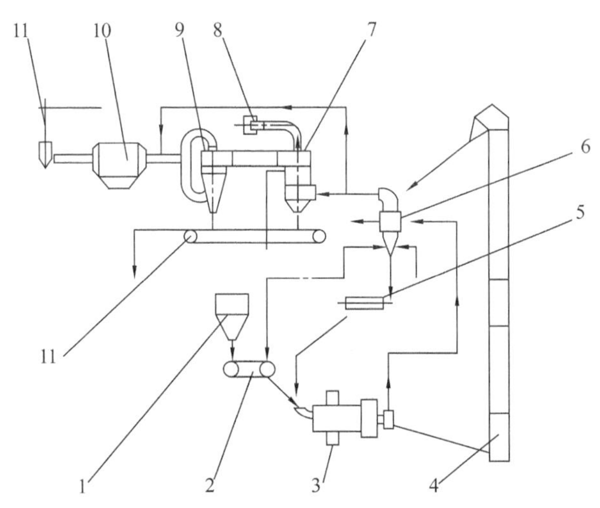

1—料仓；2—电子皮带秤；3—筒辊磨；4—提升机；5—螺旋电子秤；
6—选粉机；7—双重分离器；8,11—风机；9—双出风口分离器；10—袋收尘器

图 2-14　粉磨系统工艺流程

预烘干物料(水分小于 2%)从料仓 1 通过电子皮带秤 2 流入筒辊磨 3,经磨辊与磨筒体多次反复碾磨作用,并经尾部球化装置碾磨后排出磨机,经提升机 4 进入 N50 选粉机 6 分级选粉后,粗粉经螺旋电子秤 5 计量后回磨,细粉经双重分离器 7、双出风口分离器 9 进入袋收尘器 10,产品收下,净化气体从风机 11 排出,风机 8 排出分离器 7 中净化气体。

三、主要仪器及耗材

MTG300 圈流粉磨工艺实验系统。

四、实验内容与步骤

(1) 开机前应检查:各设备是否处于完好状态;安装连接螺栓是否松动;有无打开的门、盖、密封罩、管道口等;有无正在进行设备检修的工作人员;电控柜各仪表读数是否处于正常状态;开机前控制面板各读数值、各管道阀位是否记下,各阀位启闭情况如何;料仓有无物料。

(2) 开机程式:本系统各机的启停应按下述顺序进行:

① 启动。袋收尘后风机和分离器风机→选粉机电机→提升电机→螺旋电子秤→磨电机→磨加压至 3 MPa→磨喂料→料仓阀门打开→检查各机器各仪表读数有无异常,磨机轴承温升是否异常,有无粉尘外泄,如无异常,则可正常工作。观察实际启动程序是否一致,记录各仪表示值。

② 运行 15 分钟停机,停机顺序与开机顺序相反。将产品取出称重并记录,停机后检查设备有无异常。

(3) 用毕托管测取各测试口的全压、动压和静压值,记录各控制阀门位置开度值。

(4) 用手持式烟尘仪测各分离器效率,用称量法校核测试结果。

(5) 调整相关阀位,求取最佳收尘效率,记录此时各阀位值。

(6) 测取此时各测试口的全压、动压和静压值。

五、数据处理与分析

(1) 将实验内容及记录写入实验报告。

(2) 计算并比较不同收尘效率对应的流场和压力损失情况。

六、实验注意事项

由专人负责按照操作规程开启电源开关和闸门,不得随意动手。设备运转过程中有异响时按下“紧急停机”按钮。注意粉尘的防护。离开现场前须检查设备、管道等各部位是否恢复原状。

七、思考题

(1) 流场处于何种状态时,收尘效率最佳?

(2) 收尘效率与哪些因素相关?如何提高收尘器效率?

实验十五　系统最佳运行实施方案的设计及验证

一、实验目的

掌握系统最佳运行的实施方案。

二、实验原理

粉磨系统工艺流程如图 2-15 所示。

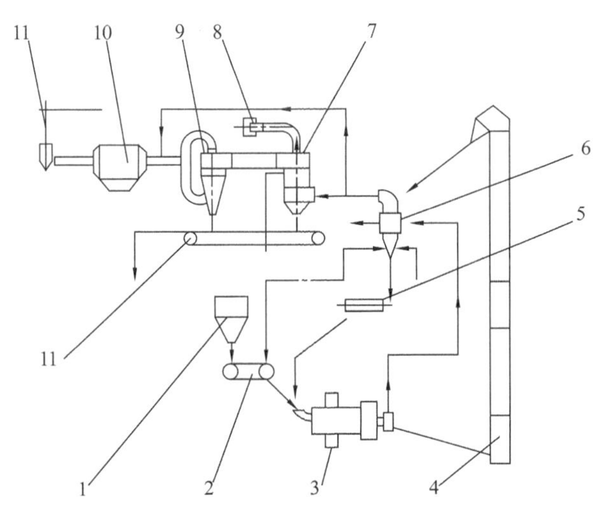

1—料仓；2—电子皮带秤；3—筒辊磨；4—提升机；5—螺旋电子秤；6—选粉机；7—双重分离器；8,11—风机；9—双出风口分离器；10—袋收尘器

图 2-15　粉磨系统工艺流程图

预烘干物料(水分小于 2%)从料仓 1 通过电子皮带秤 2 流入筒辊磨 3，经磨辊与磨筒体多次反复碾磨作用，并经尾部球化装置碾磨后排出磨机，经提升机 4 进入 N50 选粉机 6 分级选粉后，粗粉经螺旋电子秤 5 计量后回磨，细粉经双重分离器 7、双出风口分离器 9 进入袋收尘器 10，产品收下，净化气体从风机 11 排出，风机 8 排出分离器 7 中净化气体。

本实验过程中应保证粉磨细度下较高的产量，稳定较高产量时较低的能耗或较高细度。

三、主要仪器及耗材

MTG300 圈流粉磨工艺实验系统。

四、实验内容与步骤

(1) 开机前应检查:各设备是否处于完好状态;安装连接螺栓是否松动;有无打开的门、盖、密封罩、管道口等;有无正在进行设备检修的工作人员;电控柜各仪表读数是否处于正常状态;开机前控制面板各读数值、各管道阀位是否记下,各阀位启闭情况如何;料仓有无物料。

(2) 开机程式:本系统各机的启停应按下述顺序进行:

① 启动。袋收尘后风机和分离器风机→选粉机电机→提升电机→螺旋电子秤→磨电机→磨加压至 3 MPa→磨喂料→料仓阀门打开→检查各机器各仪表读数有无异常,磨机轴承温升是否异常,有无粉尘外泄,如无异常,则可正常工作。观察实际启动程序是否一致,记录各仪表示值。

② 运行 15 分钟停机,停机顺序与开机顺序相反。将产品取出称重并记录,停机后检查设备有无异常。

(3) 渐调喂料量和压力,并控制主电机电流不超过允许值。

(4) 调选粉机参数到理想值,若难以确定最佳值状态,用 a、b、c 筛余法。

(5) 再调整流量、压力,满足主电机功耗达上限。

(6) 调风量、风压,在保证收尘指标条件下求最低压力损失的阀位。

(7) 读取和测量此工况下各参量值。

五、数据处理与分析

(1) 将实验内容及记录写入实验报告。

(2) 计算最佳工况的各主要参量值。

六、实验注意事项

由专人负责按照操作规程开启电源开关和闸门,不得随意动手。设备运转过程中有异响时按下“紧急停机”按钮。注意粉尘的防护。离开现场前须检查设备、管道等各部位是否恢复原状。

七、思考题

(1) 选粉机最佳工况状态由哪些指标来衡量?如何确定它们的关系?

(2) 选粉机运行中有哪些因素会引起主电机电流超过允许值?

实验十六　系统创新实验设计及改进方案

一、实验目的

学会分析、研究、评价现有系统的优、缺点，并培养创新能力。

二、实验原理

粉磨系统工艺流程如图 2-16 所示。

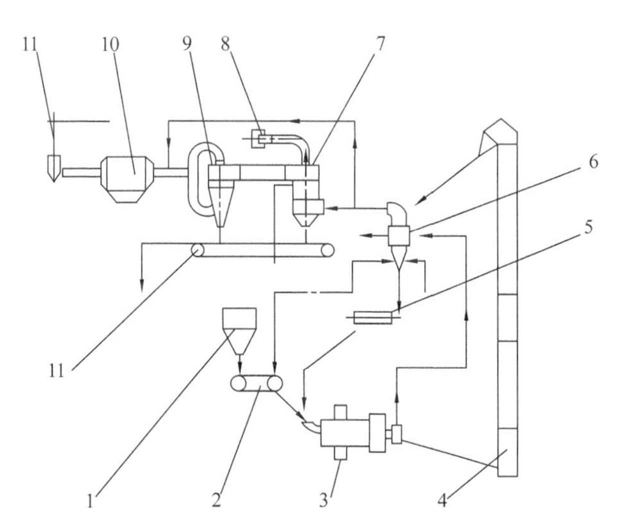

1—料仓；2—电子皮带秤；3—筒辊磨；4—提升机；5—螺旋电子秤；
6—选粉机；7—双重分离器；8,11—风机；9—双出风口分离器；10—袋收尘器

图 2-16　粉磨系统工艺流程图

预烘干物料(水分小于 2%)从料仓 1 通过电子皮带秤 2 流入筒辊磨 3，经磨辊与磨筒体多次反复碾磨作用，并经尾部球化装置碾磨后排出磨机，经提升机 4 进入 N50 选粉机 6 分级选粉后，粗粉经螺旋电子秤 5 计量后回磨，细粉经双重分离器 7、双出风口分离器 9 进入袋收尘器 10，产品收下，净化气体从风机 11 排出，风机 8 排出分离器 7 中净化气体。

本实验是系统创新实验设计，要求总结已有实验，并在此基础上进行后继创新活动。

三、主要仪器及耗材

MTG300 圈流粉磨工艺实验系统。

四、实验内容与步骤

(1) 总结本实验系列的收获和存在的问题。

(2) 利用本系统构建一个新实验，要求新实验内容与本专业教学和生产科研相关。

(3) 在可能的情况下，实施该实验。

(4) 提出本实验系统还需改进的方案，尽可能翔实。

五、实验注意事项

由专人负责按照操作规程开启电源开关和闸门，不得随意动手。设备运转过程中有异响时按下“紧急停机”按钮。注意粉尘的防护。离开现场前须检查设备、管道等各部位是否恢复原状。

六、思考题

(1) 本系统创新设计的要点有哪些？

(2) 本次实验对你今后的学习和工作有何影响？

第三章

气力输送系统实验

一、实验目的

开展气力输送和物料掺混等方面的实验研究，通过相似理论将实验数据移植到工程设计中，为工程设计提供关键的设计参数，进行设备的选型、比较及改进。

二、实验原理

气力输送，又称气流输送，它利用气流的能量，在密闭管道内沿气流方向输送颗粒状物料，是流态化技术的一种具体应用。气力输送装置的结构简单，操作方便，可进行水平的、垂直的或倾斜方向的输送，在输送过程中还可同时进行物料的加热、冷却、干燥和气流分级等物理操作或某些化学操作。由气源来的低压空气，经调节阀（或减压阀）、蝶式止回阀、活动风管、喷嘴进入泵体扩散室内，当粉状或颗粒状物料由落料斗落下进入喷嘴与扩压器之间的高速气流区时，即被吹散。加之底部汽化装置的汽化作用，使物料汽化而成悬浮状态。此后物料即被高速气流送入扩压器的渐缩管内，流经喉部扩散管，进入输送管路，送至所要求的卸料点，完成送料过程。

图 3-1 为气力输送系统示意图。

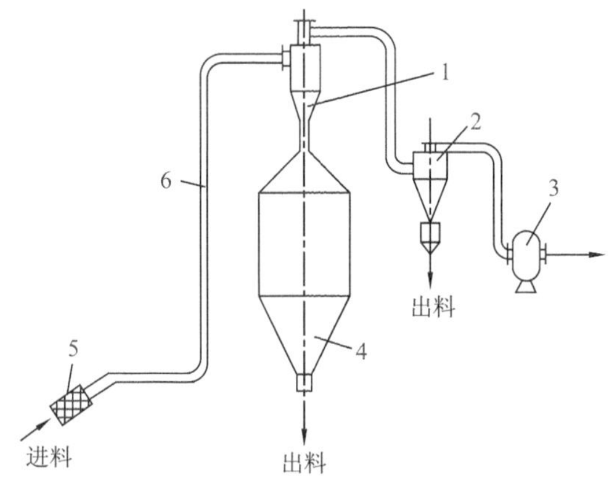

1—一次旋风分离器；2—二次旋风分离器；3—风机；4—料仓；5—吸嘴；6—输送管

图 3-1　气力输送系统示意图

三、主要仪器及耗材

气力输送装置属于密相中压气力输送，气力输送设备由四大部分组成：气源部分、料封泵、落灰斗及落灰管，以及输灰管道。料封泵由进气部分、扩散混合室、出料部分组成。其中，进气部分由进气调节阀、活动风管、调整机构、喷嘴等组成；扩散混合室由泵体、汽化装置、上部落灰斗组成；出料部分由扩压器（渐缩管、渐扩管）、出灰短节组成。气力输送装置与输送管道、球形三通、增压器、增压弯头等组成密封输送系统，可以配自动控制电控系统，实现整个系统无人控制及配合 PLC 自动控制。

四、实验内容与步骤

（1）根据气力输送系统图熟悉现场设备。
（2）测绘气力输送系统设备、管道外形及安装尺寸。

五、数据处理与分析

观察物料在管道中的运动情况，进行压力、流量等数据的采集、分析，作出全管程压降曲线及监测点的压力、流量等实时变化曲线。

六、实验注意事项

（1）定期检查各气阀情况，判断各压力表压力是否正常。随时检查电路、气路、管路、机械机构是否有异常情况。
（2）管路系统在有压力的情况下，禁止拆卸。
（3）随时关注各气动阀是否到位及输送过程中的高压报警。

七、思考题

（1）气力输送中容易产生堵塞的原因是什么？
（2）如何减少输送管道的磨损？

第四章

旋转机械故障诊断实验

实验一　滚动轴承的故障诊断

一、实验目的

(1) 了解、掌握滚动轴承故障的频谱特性及诊断方法。

(2) 了解机械设备故障诊断实验台及故障信号记录诊断系统。

(3) 了解振动测试传感器和振动测量分析仪器的使用。

二、主要仪器及耗材

故障模拟实验装置包括转子故障模拟实验平台和测试分析仪器两部分,转子故障模拟实验平台包括电机、支撑和转子,其中支撑由滚动轴承组成,转子由轴和齿轮减速箱组成。转子的转速可调,转速变化是通过串激电机改变电压实现的。转子故障模拟实验平台可以模拟轴承内圈损伤、外圈损失和滚子损伤。图 4-1 为轴承故障模拟实验装置。在实验中,模拟的故障轴承有两个型号,一个型号是圆柱滚子轴承 NU205,另一个型号是深沟球轴承 6205。两个型号轴承外圈和内圈故障模拟分别如图 4-2 和图 4-3 所示。由于深沟球轴承的滚动体故障难以模拟,故只用圆柱滚子轴承模拟滚动体故障。

图 4-1　轴承故障模拟实验装置

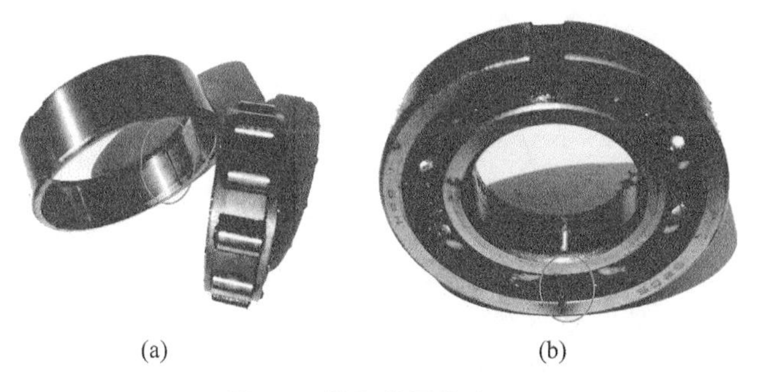

(a)　　(b)

图 4-2　轴承外圈故障

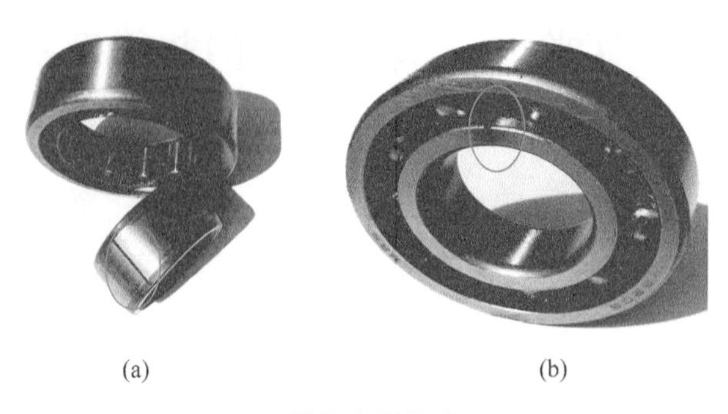

(a)　　　　　　　　　　　　(b)

图 4-3　轴承内圈故障

轴承的基本参数：

圆柱滚子轴承 NU205 滚动体个数 $z=11$，滚动体直径 $d=7.8$ mm，接触角$\alpha=0$，滚动体节圆直径 $D=38.5$ mm，其中内圈故障轴承的滚动体个数 $z'=12$。

深沟球轴承 6205 滚动体个数 $z=9$，滚动体直径 $d=7.6$ mm，接触角 $\alpha=0$，滚动体节圆直径 $D=38.5$ mm。

测试仪器由测振传感器（加速度传感器）及其前置放大器、激光转速传感器、振动测试及分析仪器等组成。测试分析仪器是计算机化的振动信号分析采集系统。

三、滚动轴承故障诊断原理

滚动轴承是旋转机械的核心零部件，大部分旋转机械故障是由滚动轴承的故障引起的。

滚动轴承故障包括轴承内圈、外圈、滚动体等损坏引起的旋转机械故障，滚动轴承故障必然会引起转子的异常振动。振动信号中含有丰富的轴承故障特征信息，通过对转子振动信号的分析处理，可以实现对滚动轴承的故障诊断。

滚动轴承外圈有缺陷时的特征频率为

$$f_e=\frac{1}{2}f_r z\left(1-\frac{d}{D}\cos\alpha\right) \tag{4-1}$$

滚动轴承内圈有缺陷时的特征频率为

$$f_i=\frac{1}{2}f_r z\left(1+\frac{d}{D}\cos\alpha\right) \tag{4-2}$$

滚动体有缺陷，冲击内圈或外圈时的特征频率为

$$f_o=\frac{1}{2}f_r\frac{D}{d}\left(1-\frac{d^2}{D^2}\cos^2\alpha\right) \tag{4-3}$$

以上 3 式中：z——滚动体个数；

D——节圆直径，mm；

f_r——轴的旋转频率，Hz；

d——滚动体直径，mm；

α——轴承的接触角，(°)。

其中，轴的转速频率为

$$f_r = \frac{n}{60} \tag{4-4}$$

式中：n——转轴的转速，r/min。

由于滚动轴承振动信号复杂，含有大量噪音，将故障振动信号淹没，采用传统信号分析方法对其进行故障诊断效果不理想。因此研究如何对滚动轴承故障进行有效诊断具有重要的实际意义。

本实验使用随机信号分析程序，采集实验装置振动信号，采用时域统计方法、频谱分析和倒频谱分析方法，以及包络分析方法判断和检测滚动轴承故障的冲击特征频率，实现滚动轴承的故障诊断。

四、实验内容与步骤

(1) 了解实验原理、熟悉实验用设备和仪器。

(2) 打开振动测试分析仪电源，进入系统。

(3) 建立振动信号分析实验作业，输入作业名，设置传感器的参数(加速度传感器)。

(4) 按操作规程启动转子故障模拟实验平台，对无故障转子，在额定转速下记录转子的振动量，停机，进行信号处理分析。

(5) 制造转子的故障状态。将外圈损伤滚动轴承替换完好滚动轴承，装入轴承箱。

(6) 按操作规程启动转子故障模拟实验平台，对故障状态转子，在额定转速下记录转子的振动量，停机，进行信号处理分析。

(7) 分析轴承故障状态转子的振动现象及信号处理与频谱分析结果。

(8) 将内圈或滚动体损伤滚动轴承替换完好滚动轴承，重复步骤(5)～(7)。

五、思考题

根据轴承运转过程中发出的不同声音分析判断轴承出现故障的原因。

实验二　齿轮的故障诊断

一、实验目的

(1) 观察和了解齿轮故障的振动现象。

(2) 了解齿轮故障引起激励及转子系统振动响应的概念。

(3) 了解齿轮故障的频谱特性。

(4) 了解机械设备故障诊断实验台及故障信号记录诊断系统，了解振动测试传感器和振动测量分析仪器的使用。

二、主要仪器及耗材

实验装置包括转子故障模拟实验平台和测试分析仪器两部分。转子故障模拟实验平台包括电机、支撑和转子；支撑由滚动轴承组成；转子由轴和齿轮减速箱组成。转子的转速可调，转速变化是通过串激电机改变电压实现的。

图 4-4 为齿轮故障模拟实验装置。在实验中，模拟的故障齿轮有两种：一种是大齿轮，模数为 2，齿数为 75，用于从动轴；另一种是小齿轮，模数为 2，齿数为 55，用于主动轴。图 4-5 为断齿故障模拟。

测试仪器主要由测振传感器(加速度传感器)及其前置放大器、测试转速的激光转速传感器、振动测试分析仪等组成。振动测试分析仪是计算机化的振动信号分析采集系统。

图 4-4　齿轮故障模拟实验装置

图 4-5　断齿故障模拟

三、齿轮振动故障诊断机理

旋转机械中齿轮故障是常见的故障现象。齿轮故障是指断齿、齿面磨损、齿面

划痕等引起的旋转机械故障，主要引起啮合频率 f_m 及边频 $f_m \pm f_r$ 的变化。

其中，啮合频率为

$$f_m = f_{r1} z_1 = f_{r2} z_2 \tag{4-5}$$

式中：z_1——主动轮齿数；

z_2——从动轮齿数；

f_{r1}——主动轴的转动频率；

f_{r2}——从动轮的转动频率。

其中，

$$f_r = \frac{n}{60} \tag{4-6}$$

式中：f_r——转速频率，Hz；

n——转速，r/min。

四、实验内容与步骤

（1）熟悉实验用设备和仪器。

（2）打开振动测试分析仪电源，进入系统。

（3）建立振动信号分析实验作业，输入作业名，设置测振传感器的参数。

（4）按操作规程启动转子故障模拟实验平台，对无故障转子，在额定转速下记录转子的振动量，并进行频谱分析，停机。

（5）制造转子的故障状态。将齿面削掉一块的受损齿轮代替完好齿轮，分别进行实验。

（6）按操作规程启动转子故障模拟实验平台，对故障状态转子，在额定转速下记录转子的振动量，并进行频谱分析，停机。

（7）比较分析正常状态转子和故障状态转子的振动现象。

五、思考题

（1）比较分析正常状态和故障状态转子在额定转速下的振动现象。

（2）齿轮有故障时，振幅是否增大？故障特征频率附近的成分增大是否明显？说明采用振动分析方法是否有效。

附 录

一、PTP-ⅢB 烟尘烟气测试仪(皮托管平行法)

(一) 概述

PTP-ⅢB 烟尘烟气测试仪是在 PTP-Ⅲ皮托管平行烟尘烟气测试仪的基础上研制成功的带微电脑的新产品。它与老仪器相比具有如下优点：

(1) 体积轻巧。本仪器缩小了配套件箱的体积，减轻了其重量，携带方式也做了改进。

(2) 微电脑的应用。由于引入了微电脑等速采样显示器和压力传感器，因此原来的查表、运算等烦琐的工作全由微电脑自动替代，特别是实现了理论等速采样流量的自动显示，这大大方便了现场操作者。

(3) 等速跟踪精度高。市场上较多的微电脑烟尘仪器因缺少常规的流量显示仪表，使一些监测人员对流量的准确性心存疑虑，为了解决这一问题，本仪器安装了直观、可信度较高的瞬时转子流量计，从而使等速跟踪精度达到较高水平，让用户真正放心。

(4) 流量调节快速。市场上的微电脑烟尘仪器由于客观存在的采样流量自动跟踪方面的滞后效应，因此跟踪时间偏长，跟踪精度偏低，从而给监测数据带来一定的误差，尤其在采样时间较短的时候，此现象更为突出。为了解决这一问题，本仪器采用了手调跟踪的办法，只要根据仪器的微电脑显示器上的等速采样流量读数，本仪器就能在较短的时间内方便地实现调节。实践证明，该方法快速、直观、可靠、等速跟踪误差较小。

本仪器自投入市场以来，其先进性、可靠性、实用性得到越来越多监测部门的肯定。

(二) 应用范围

本仪器主要用于各种燃煤锅炉、工业炉窑的烟尘排放浓度(mg/m^3)和排放量(kg/h)的测定，以及各类除尘净化设备的使用情况和净化效率的测定。同时由于本仪器配有加热性能良好的全加热式采样管，因此可在含水量较高的烟气、废气中进行各种工业废气二氧化硫(SO_2)、氮氧化物(NO_x)等的准确采样。

(三) 主要技术数据

(1) 采样流量：烟尘 4～40 L/min；烟气 0.15～1.5 L/min。

(2) 采样流量误差：±4%。

(3) 负载能力：在阻力 20 kPa 时，流量不小于 30 L/min。

(4) 多功能采样管长度：1.0 m(可根据用户要求定制)。

(5) 采样管头部最大直径：小于 50 mm。

(6) 全加热采样管长度：1.0 m(可根据用户要求定制)。

(7) 测压范围:0～2 500 Pa。
(8) 定时采样时间范围:0～5 999 s。
(9) 整机绝缘电阻:大于 20 MΩ。
(10) 微电脑显示器:可以显示 20 多种烟尘采样数据。
(11) 主机重量:8 kg。
(12) 主机尺寸:440 mm×275 mm×225 mm。
(13) 电源:AC 220 V。

(四) 性能特点

烟尘烟气测试仪是一种带有微电脑的皮托管平行法测试仪器。它把进口测压传感器引入仪器并和单片机结合,从而实现测压的自动化。等速采样流量、动压、密度、流速、标况体积、排放量等 20 多种数据均可显示。

1. 等速采样流量的跟踪与显示

采用手调跟踪的办法,只要根据仪器的微电脑显示器上的等速采样流量读数,就能在较短时间内实现调节。实践证明,此方法快速、直观、可靠、等速跟踪误差较小。

2. 高性能隔膜式真空泵

应用高性能隔膜式真空泵作为抽气动力源,具有负压大、连续运转性能好、不需加油、寿命长、故障率低、维修简单等特点,因而深受欢迎。

3. 一机多用(烟尘、烟气、油烟的采样)

可用化学法监测 SO_2、NO_x 等工业废气。由于宾馆、饭店的油烟排放的采样方法与烟尘采样基本一样,因此本仪器也可以作为油烟采样器。当然,采样时应与测油烟多功能采样管配合使用。

(五) 使用方法

PTP-ⅢB 烟尘烟气测试仪在现场的操作方法及常用公式的编程均按照《烟尘测试方法标准 GB5468—91》《空气和废气监测分析方法》等有关规范要求进行。该仪器主机外形如图 F-1 所示。

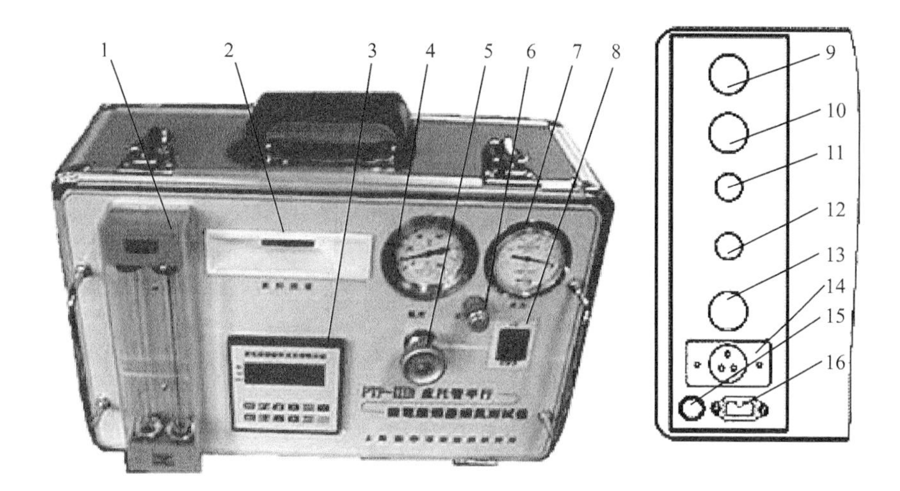

1—转子流量计；2—累积流量计；3—微电脑显示器；4—温度表；5—流量调节阀；6—压力校验口；7—负压表；8—【ON/OFF】开关；9—接硅胶筒出口；10—接泵进口；11—皮托管＋；12—皮托管－；13—接泵出口；14—总电源；15—保险丝；16—泵电源输出

图 F-1　主机外形图

1. 仪器主机各功能开关的操作

(1) 转子流量计：大小流量计(Q'_r)。

(2) 累积流量计：记录采样体积(V)。

(3) 微电脑显示器：具体操作见后文。

(4) 温度表：流量计前温度(t_r)。

(5) 流量调节阀：调节采样流量的大小。

(6) 压力校验口：出厂校验用。

(7) 负压表：流量计前压力(p_r)。

(8)【ON/OFF】开关：主机的总电源开关。

(9) 接硅胶筒出口：与硅胶筒出气口连接。

(10) 接泵进口：连接泵的进气口。

(11) 皮托管＋：与皮托管的高压端连接。

(12) 皮托管－：与皮托管的低压端连接。

(13) 接泵出口：连接泵的出气口。

(14) 总电源：用电源线插入交流电源，220 V。

(15) 保险丝：8 A。

(16) 泵电源输出：用专用电源线与泵连接。

2. 仪器的准备与采样系统的连接

(1) 除硫干燥器的准备

在标有双氧水的有机玻璃瓶中注入 3%～5%的过氧化氢(H_2O_2)600～800 mL

（约为容积的 1/2），在现场采样时，如发现阻力过大，流量上不去，可适当减少一些；在冬季，当气温特别低或 SO_2 浓度不高时，过氧化氢可省去不用。在标有硅胶筒的有机玻璃筒中装入具有充分干燥能力的变色硅胶 700～800 g（容积的 3/4～4/5），然后旋紧筒盖使其不漏气。

（2）干湿球测湿计的准备

在使用前将干湿球测温计带透明窗的一侧接口对准自来水龙头或用洗耳球慢慢注入自来水，使蓄水槽中充满约 2/3 的水。也可把干湿球测湿计的二接嘴浸没在水中几分钟自行吸水。

（3）采样系统的连接

全加热采样管的连接方法：全加热采样管先与专用电加热降压开关电源线连接，然后把该电源线插入漏电保护器二芯插座内，漏电保护器接通交流 220 V 电源（漏电保护器在使用前应检验其保护性能，方法是在通电的情况下，开关置于合的位置，按漏电保护器面板上的按钮后，应立即听到“嗒”的一声响，开关自动切断电源，说明其性能良好）。电加热降压开关在通电情况下发光二极管应有显示。预热时，该开关应置于“高”处，采样时置于“低”处保温。全加热采样管主要用于二氧化硫（SO_2）等气体采样或含湿量的测量。在使用前应将该管旋上手柄，操作者应带防护手套。

二、BT-1600 型图像颗粒分析系统

（一）概述

BT-1600 型图像颗粒分析系统是丹东市百特仪器有限公司研制的一种图像法粒度分布测试及颗粒形貌分析等多功能颗粒分析系统，该系统包括光学显微镜、数字 CCD 摄像机、电脑、打印机等部分。它是将传统的显微测量方法与现代的图像处理技术结合的产物。它的基本工作流程是通过专用摄像机将显微镜的图像拍摄下来；通过图像采集卡将图像传输到电脑中；通过专门设计的颗粒分析软件对图像进行处理与分析；通过显示器和打印机输出分析结果。本系统具有直观、形象、准确、测试范围宽及自动识别、统计、量化等特点，不仅可以用来观察颗粒形貌，还可以得到粒度分布、长径比及长径比分布、圆形度及圆形度分布等，为科研、生产领域增添了一种新的粒度测试手段。

1. 基本指标与性能

（1）测试范围：1～3 000 μm。

（2）最大光学放大倍数：1 600 倍。

（3）分辨率：0.1 μm/像素。

（4）重复性误差：小于 3%（不包含样品制备因素造成的误差）。

（5）粒度分布类型：体积分布、面积分布、数量分布、长径比分布。

（6）输出项目：原始参数（包括样品信息、测试信息等）、分析数据（包括区间分

布、累计分布、平均径、长径比及长径比分布等)、图形(区间分布直方图和累计分布曲线等)。

2. 测试原理

(1) 标定方法

用显微镜专用标准刻度尺直接标定每个像素的尺寸,再根据每个颗粒图像面积所占的像素多少来度量颗粒的大小(以 μm 为单位)。

(2) 图像颗粒分析系统的原理

通过对颗粒数量和每个颗粒所包含的像素数量的统计,计算出每个颗粒的等圆面积和等球体积,从而得到颗粒的等圆面积直径、等球体积直径及长径比等,再对所有的颗粒进行统计,从而得到粒度分布等信息。

(3) BT-1600 测量颗粒大小的方法

BT-1600 图像颗粒分析仪是以 100 个像素为一个计量单位来计算颗粒大小的,表 F-1 为不同的物镜放大倍数情况下 100 像素与粒径对照表。

表 F-1 不同的物镜放大倍数情况下 100 像素与粒径对照表

<table>
<tr><th>序号</th><th>物镜放大倍数</th><th>像素</th><th>粒径/μm</th><th>备注</th></tr>
<tr><td>1</td><td>4 倍</td><td>100</td><td>250</td><td rowspan="6">100 像素对应的粒径以标定值为准</td></tr>
<tr><td>2</td><td>10 倍</td><td>100</td><td>100</td></tr>
<tr><td>3</td><td>20 倍</td><td>100</td><td>50</td></tr>
<tr><td>4</td><td>40 倍</td><td>100</td><td>25</td></tr>
<tr><td>5</td><td>60 倍</td><td>100</td><td>16.7</td></tr>
<tr><td>6</td><td>100 倍</td><td>100</td><td>10</td></tr>
</table>

(4) 系统配置

系统配置见表 F-2。

表 F-2 系统配置

<table>
<tr><th>序号</th><th>名称</th><th>型号</th><th>性能指标</th><th>数量</th><th>备注</th></tr>
<tr><td>1</td><td>显微镜</td><td>生物、金相、体视显微镜(三目)</td><td>最大光学放大倍数 1 600 倍</td><td>1</td><td></td></tr>
<tr><td>2</td><td>数字 CCD</td><td>HV2001UC</td><td>192 万像素</td><td>1</td><td></td></tr>
<tr><td>3</td><td>软件</td><td>BT-1600</td><td>数据采集与处理</td><td>1</td><td>专用</td></tr>
<tr><td>4</td><td>电脑</td><td>TCL 奔腾 4</td><td>Windows 系统</td><td>1</td><td rowspan="2">选配件</td></tr>
<tr><td>5</td><td>打印机</td><td>彩色喷墨</td><td></td><td>1</td></tr>
</table>

3. 软件功能

(1) 图像处理功能

可以对图像进行灰度转换、分割、删除、剪切、粘贴、缩放、填充等处理;也可以对多幅图像进行粘贴组合，提高样品的代表性，使处理结果更加准确、真实、可靠。

(2) 数据处理功能

对图像进行处理后，电脑会自动统计出颗粒数，每个颗粒图像所包含的像素量，得出每个颗粒的面积、体积、等效直径、中位长、中位宽、长径比、长径比分布及粒度分布数据与图形。

(3) 打印功能

可以打印原始图像和以中、英两种文字打印的测试报告(包括粒度分布数据、分布图形、颗粒数、长径比等)。

(二) 测试准备

1. 仪器及用品准备

(1) 仔细检查显微镜、CCD 摄像机、计算机、显示器、打印机等是否安装好，放置仪器的工作台是否牢固，并将仪器周围的杂物清理干净。

(2) 选取 4 个载物片、盖玻片，将其彻底清洗干净并擦干备用。

(3) 向超声波分散器槽中加水(加水至槽深的 1/3 左右)。

(4) 准备好其他物品，如纸巾、烧杯(40～100 mL)、搅拌器、取样器、洗涤剂、分散剂(如焦磷酸、钠)、蒸馏水、无水乙醇等。

2. 试样准备

(1) 取样

BT-1600 型图像颗粒分析仪与其他粒度仪一样，是通过对少量样品的分析来表征大量粉体的粒度分布状态和形貌的。因此，要求取样具有充分的代表性，这一点至关重要，否则测试将没有任何意义。取样一般分 4 个步骤：大量粉体(10^n kg)→实验室样品(10^n g)→悬浮液→测试样品。

从大堆粉体中取实验室样品有两点基本要求：其一，尽量从粉体包装之前的料流中多点取样；其二，在容器中取样，应使用取样器，选择多点并在每点的不同深度取样。

对实验室样品缩分时应用小勺多点(至少 4 点)取样。勺取时将进入小勺的样品全部倒进烧杯中，不得抖出一部分，保留一部分。

(2) 配制悬浮液

① 介质。用图像显微颗粒分析系统进行颗粒测试时，需要将样品与某种液体混合配制成一定浓度的悬浮液，因此首先要选定合适的介质。对介质一般有三点要求：其一是不与样品发生物理反应或化学反应；其二是对样品的表面具有良好的润湿作用；其三是纯净无杂质。最常用的介质有蒸馏水、乙醇等。

② 配制悬浮液。将加有分散剂的沉降介质(约 50～80 mL)倒入烧杯中，然后加入缩分得到的实验样品配制悬浮液。悬浮液中样品浓度大约在 0.3%～1%之间，最终的浓度要求是，在制成样片以后所显示图像中的临近颗粒间的距离应尽量靠近而不互相粘连，使颗粒数尽量多而又呈单体独立状态，从而既保证样品的代表性，又保

证测试的准确性。通常是样品越细，试样的百分比浓度越小；样品越粗，试样的百分比浓度越大。

③ 分散剂。分散剂是指加入沉降介质中的少量能使沉降介质表面张力显著降低，从而使颗粒表面得到良好润湿作用的物质。常用的分散剂有焦磷酸钠、六偏磷酸钠等(详见附表 2)。分散剂的作用有二：其一，可以加快"团粒"的分解，使颗粒处于单个颗粒状态；其二，可阻止单个颗粒重新团聚成"团粒"。一般根据样品的不同选用相应的分散剂。分散剂的用量为沉降介质重量的 2‰～5‰。使用时可将分散剂按上述比例事先加到沉降介质中，待分散剂充分溶解后即可使用。

④ 分散。将装有配好的悬浮液的容器放到超声波分散器中，打开分散器的电源开关，即开始进行超声波分散处理。由于各种样品的表面能、静电、黏结等特性不同，所以不同种类的样品的分散时间不尽相同。同一种类的样品，由于加工手段、生产工艺、细度等差别，超声波分散时间也往往不同。但分散时间一般在 3～10 min 之间。表 F-3 列出了不同种类和不同粒度的样品的分散时间(仅供参考)。

表 F-3 不同种类和不同粒度的样品的分散时间

粒度 D50/μm	分散时间/min			
	滑石粉、高岭土	碳酸钙、锆英砂	铝粉等金属粉	其他样品
＞20			1～2	1～2
10～20	3～5	2～3	2～3	2～3
5～10	5～8	2～3	2～3	2～3
2～5	8～12	3～5	3～5	3～8

注意：a. 在进行超声分散之前，应保证超声波分散器的槽中有占其容积 1/3 的水。b. 随着超声分散时间的延长，悬浮液的温度将有所上升，所以结束后应做适当降温处理。方法是将盛悬浮液的容器放到盛有与室温温度相同的水中，并进行搅拌。

⑤ 检查分散效果的方法。将分散过的悬浮液充分搅拌均匀后取少量滴在显微镜载物片上，先人工观察有无颗粒黏结现象。

⑥ 悬浮液取样。将分散好的悬浮液用搅拌器充分搅拌(搅拌时间一般大于 30 s)，然后用专用注射器从悬浮液中抽取几毫升，抽取时应将专用注射器插到悬浮液的中部边移动边连续抽取，然后滴一滴到载物片上，盖好盖玻片并将该载物片放到显微镜的载物台上，人工观察显微镜的图像，同时调整物镜、焦距、亮度，直到图像最清晰为止。

(三) 系统安装

1. 硬件安装

BT-1600 图像颗粒分析系统的硬件包括光学显微镜、数字 CCD 摄像机两部分。将数字 CCD 摄像机与显微镜连接好，通过 USB 信号线与电脑连接起来即可，如图 F-2 所示。

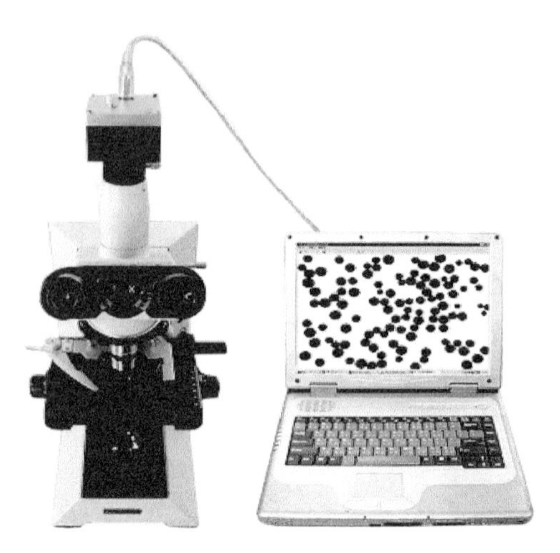

图 F-2　显微镜、数字 CCD 摄像机、电脑三者连接示意图

2. 数字 CCD 摄像机驱动程序的安装

当数字 CCD 摄像机与电脑连接起来以后，电脑将自动提示安装驱动程序，安装步骤如图 F-3 所示。

其中，图 F-3a 为系统提示窗口；图 F-3b 为搜索驱动程序所在的光驱位置；图 F-3c为选定“Driver”中的“HV2001UC”文件并打开它，驱动程序将自动安装；图 F-3d为完成驱动程序安装。

(a)　(b)　(c)　(d)

图 F-3　数字 CCD 摄像机驱动程序的安装步骤

3. 图像处理与分析软件的安装

BT-1600 图像颗粒分析系统的图像处理与分析软件是丹东百特仪器有限公司开发的一套专用的软件。它的安装方法如图 F-4 所示。

首先双击“光盘”,然后双击安装文件“SETUP”,单击“下一步”,进入安装过程。

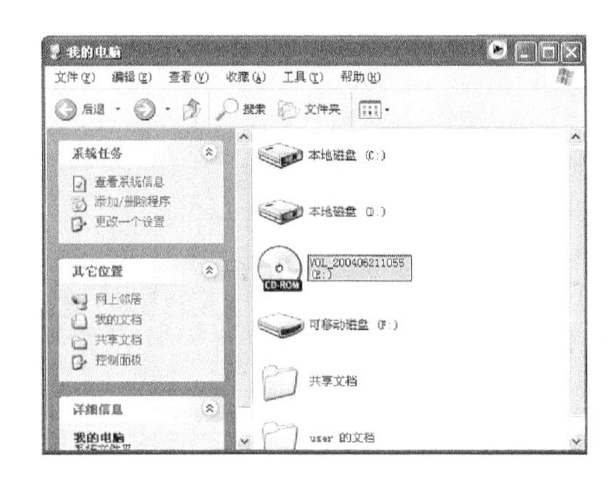

(a)

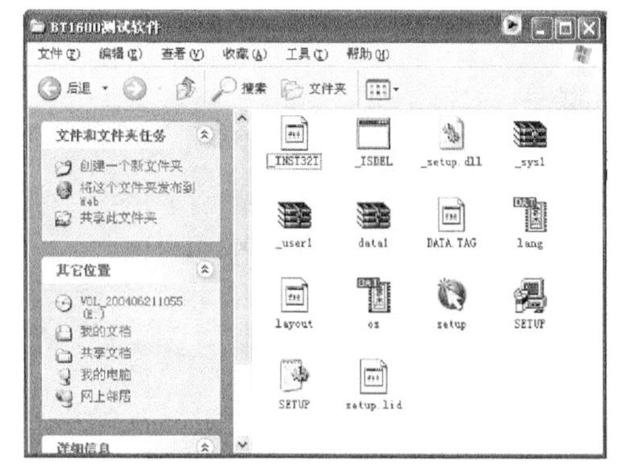

(b)

(c)

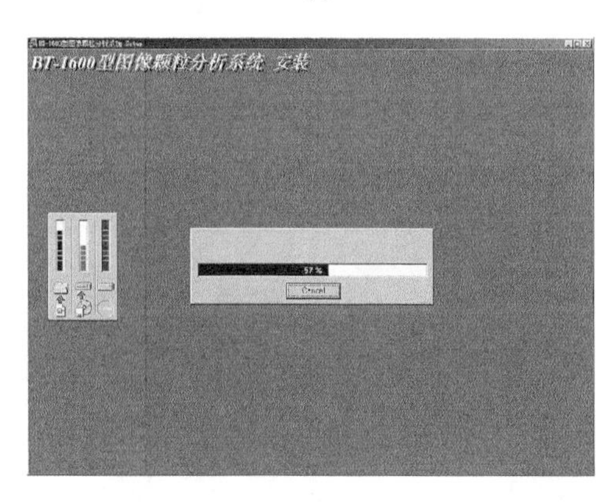

(d)

图 F-4 图像处理与分析软件的安装方法

注意:a. 载物片和盖玻片要清洗干净;b. 颗粒应较少粘连并且有足够的数量;c. 选择合适的物镜,常用的物镜为 10 倍和 40 倍;d. 调整好显微镜焦距与截距;e. 调整好显微镜光源的亮度和光圈的大小;f. 移动载物台,选择最合适的视场;g. 安装合适的滤光片;h. 将 CCD 摄像机旋转适当的角度;i. 将显示器设置成较高的分辨率状态;j. 颗粒不透明且最小颗粒应大于 1 μm。

(四) 图像采集

在屏幕上双击“BT-1600”图标，进入图像处理系统，如图 F-5 所示。

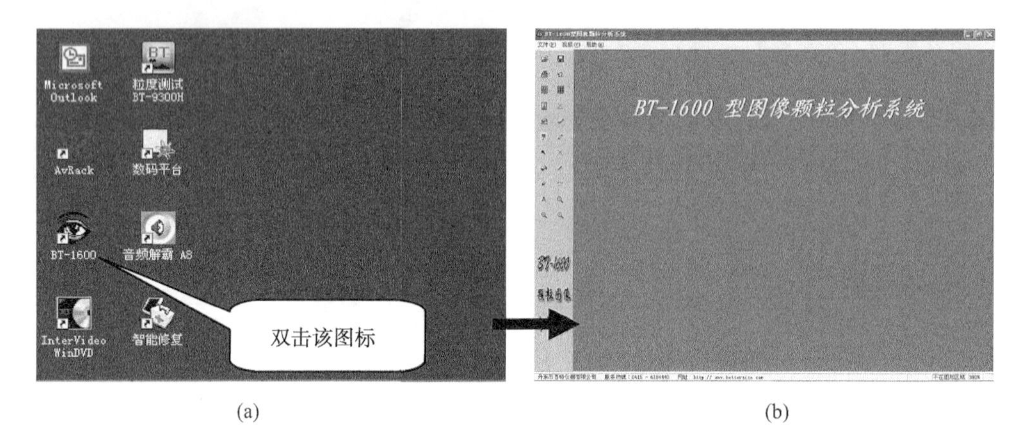

(a) (b)

图 F-5 进入图像采集状态

在图 F-5 中单击“视频窗口”图标，然后再单击“视频采集图标”制备好样品，调整好显微镜，系统就进入了图像采集状态，如图 F-6 所示。

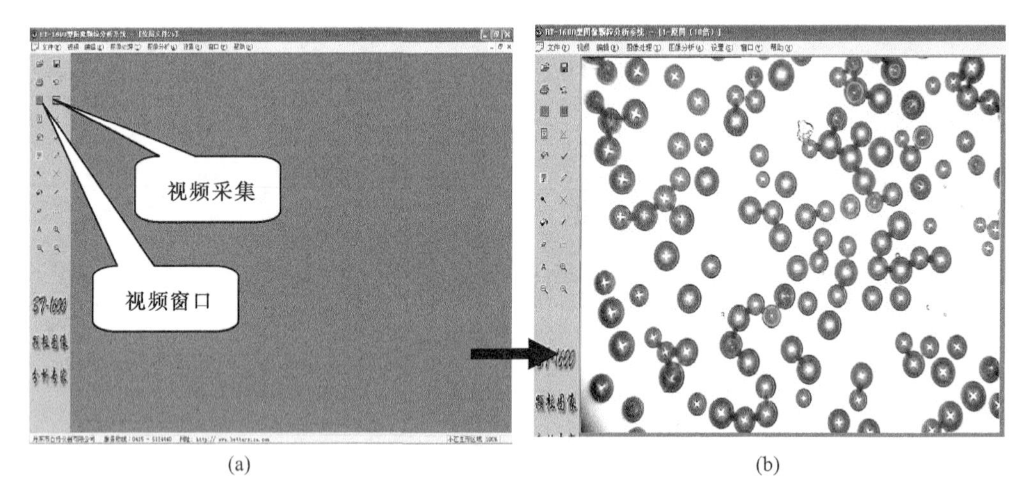

(a) (b)

图 F-6 采集图像

(五) 图像处理

1. 系统标定

BT-1600 图像颗粒分析系统是通过颗粒所占的像素多少来表示颗粒大小的。为了准确测量颗粒的尺寸，需要在测量前对系统进行标定，标定方法是将标尺放到载物台上，调整好显微镜，得到清晰的标尺图像，然后单击“设置—标定”，再按提示进行操作，如图 F-7 所示。

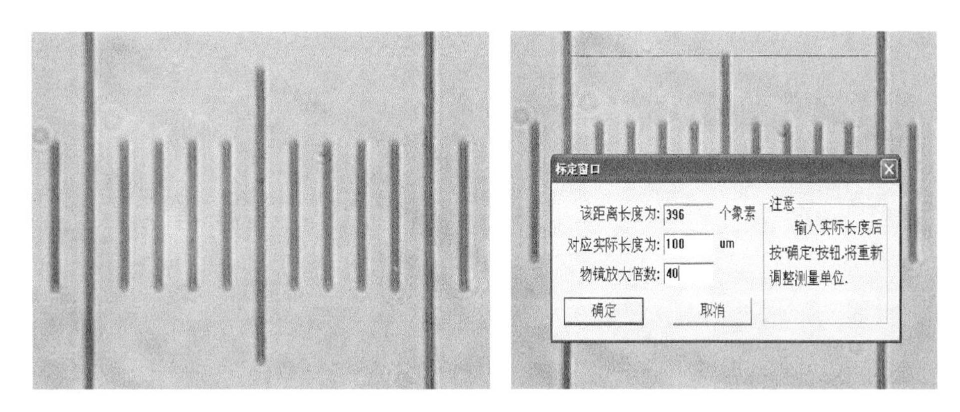

图 F-7 标定方法

2. 认识"工具箱"

为了使用方便,BT-1600 图像颗粒分析系统设置了一个功能齐全的工具箱,其中包括常用的图像采集、图像处理方面的工具。工具箱的功能如图 F-8 所示。

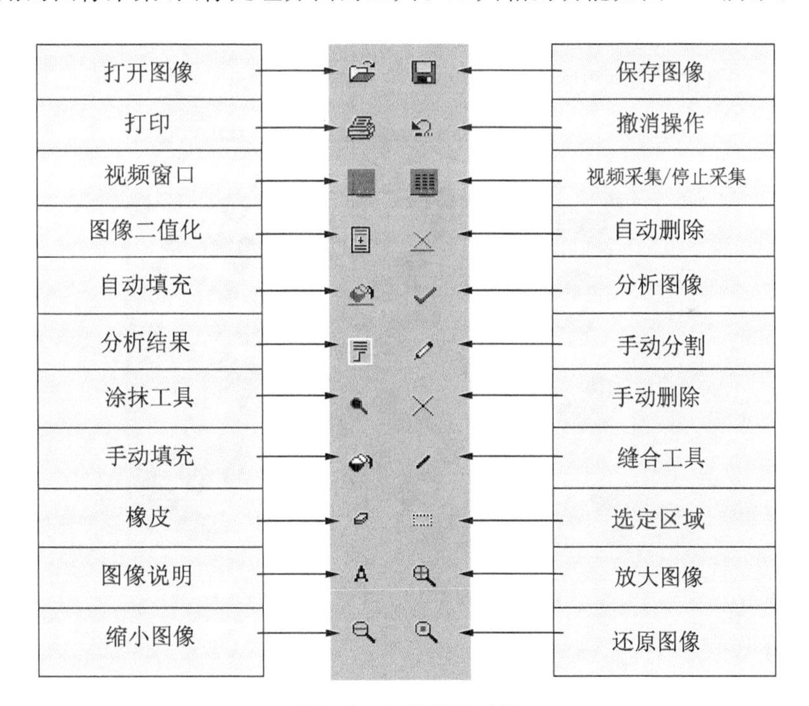

图 F-8 工具箱的功能

3. 打开图像

在图 F-5 中单击"文件—打开图片"或单击工具箱中的"打开图像"图标,系统将列出所有的已经保存的图像文件,如图 F-9a 所示。双击要打开的图像文件,就可打开该图像,如图 F-9b 所示。用此方法可以同时打开多幅图像。

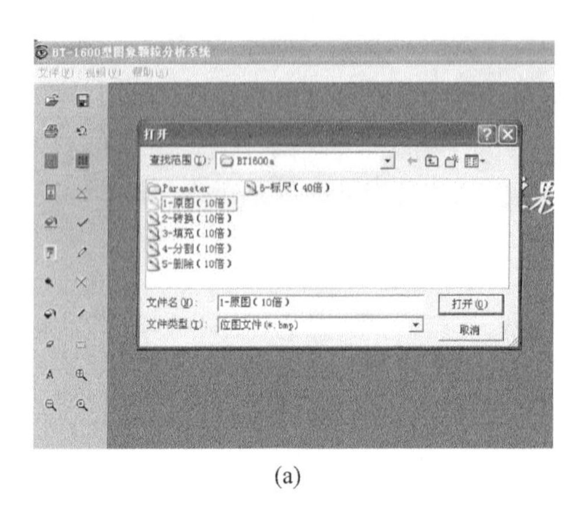

(a)

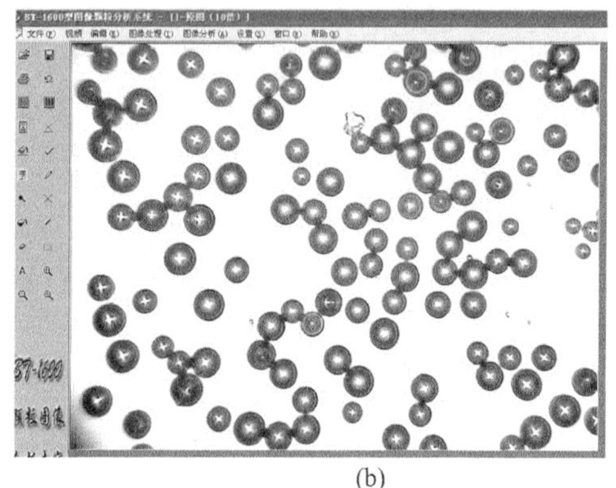

(b)

图 F-9　打开图像

4. 基本图像处理

基本图像处理包括转换、填充、分割、删除 4 项。

(1) 转换

在图 F-9b 状态下单击“图像二值化”图标或“图像处理—图像二值化”菜单，就得到转换后的二值化图像，如图 F-10 所示。

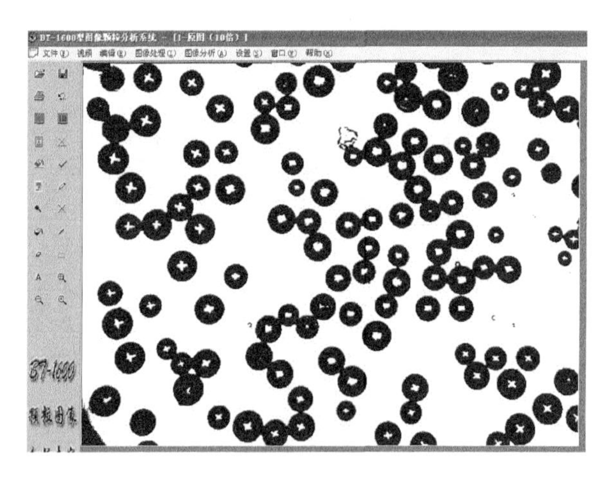

图 F-10　转换

(2) 填充

在图 F-10 状态下，单击“自动填充”图标和“手动填充”图标，就完成了对空心颗粒的填充，如图 F-11 所示。自动填充时系统提示要输入一个数值，这个数值要根据空心部分的大小而定，一般为 100～200 之间。如果自动填充后还有少量较大的空心颗粒，就用手动填充逐个实施填充。

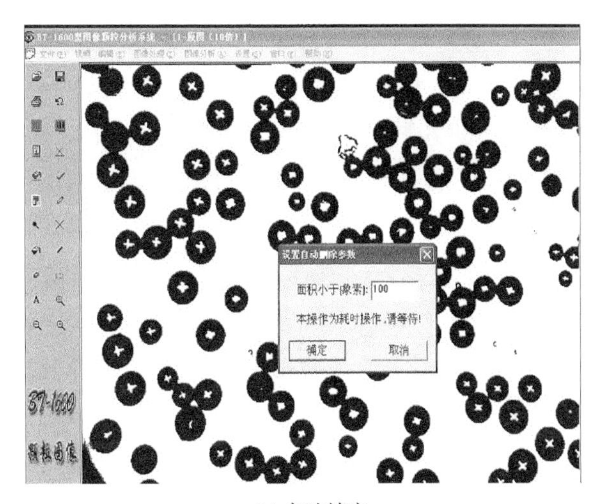

(a) 自动填充

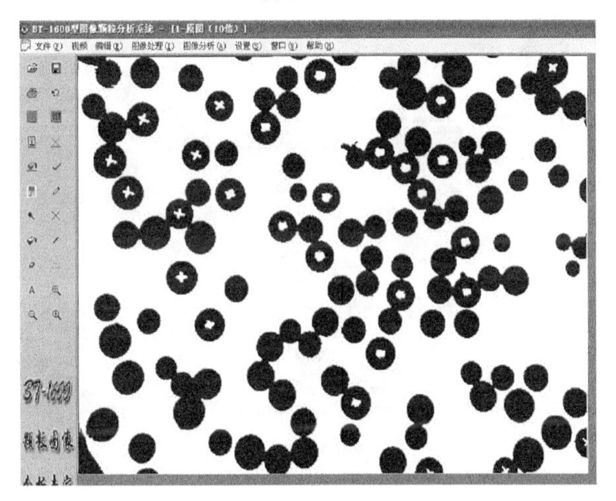

(b) 自动填充后

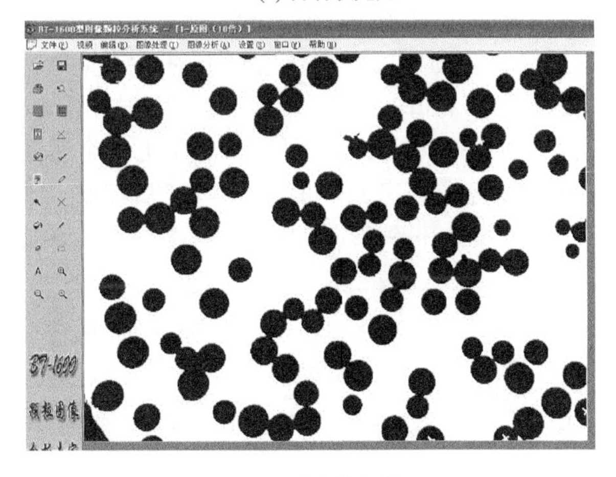

(c) 手动填充后

图 F-11　填充

注意：有些颗粒对光的反射、折射、衍射作用较强，在显微镜成像时颗粒的中心形成空心现象。由于本系统是用颗粒所占据像素的多少来测量颗粒大小的，空心部分并未占据像素，如果不填充就不能准确地测量颗粒的大小，所以必须对空心部分进行填充。

(3) 分割

在图 F-11c 状态下单击“手动分割”图标或“图像处理—图像处理—手动分割”菜单，就出现手动分割工具。这时用鼠标逐一将相连的颗粒分割开来，如图 F-12 所示。分割时要仔细，应从两个颗粒相交的最短处分割。为了减少分割时对颗粒造成损坏，应在图像放大的状态下进行。

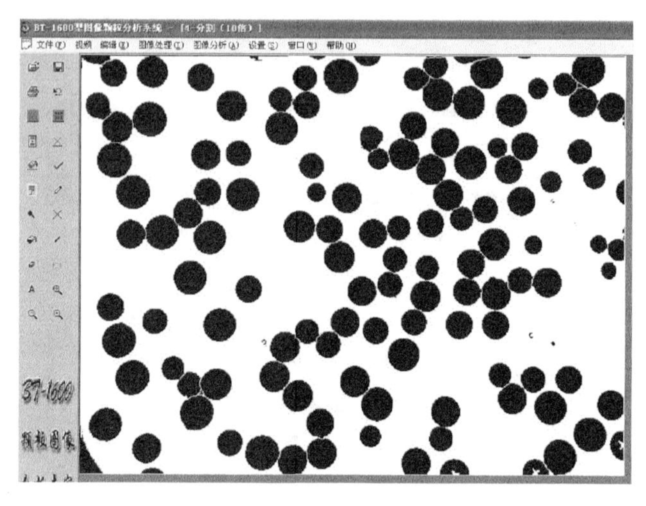

图 F-12　分割

(4) 删除

在图 F-12 状态下，单击“手动删除”图标或“图像处理—图像处理—手动删除”菜单，就可以进行手动删除。手动删除要先将边缘上的不完整的颗粒或杂质删除(用鼠标单击要删除的颗粒即可)，如图 F-13a 所示。然后单击“自动删除”图标或“图像处理—图像处理—自动删除”菜单，在出现的窗口中填上一个适当的数，以对自动删除进行限制，该数值一般应小于 100。单击“确定”后将删除图像中的杂质，如图 F-13b和图 F-13c 所示。这时得到的图像就是一幅数字化的图像，可以进行粒度分布等分析了。

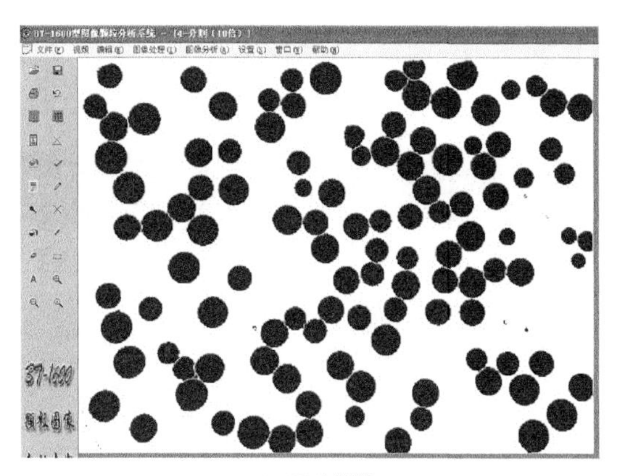

(a) 手动删除

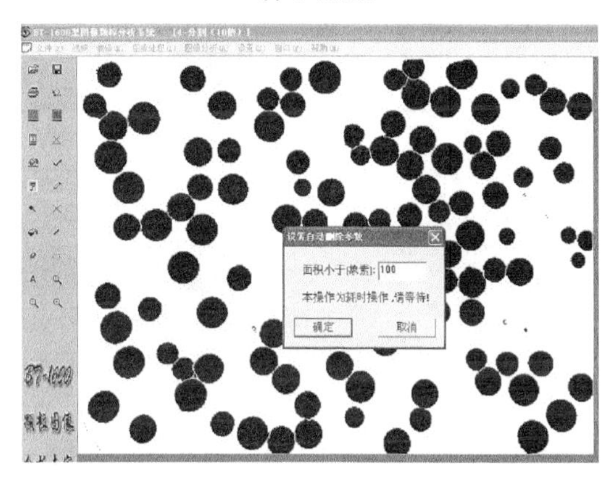

(b) 自动删除

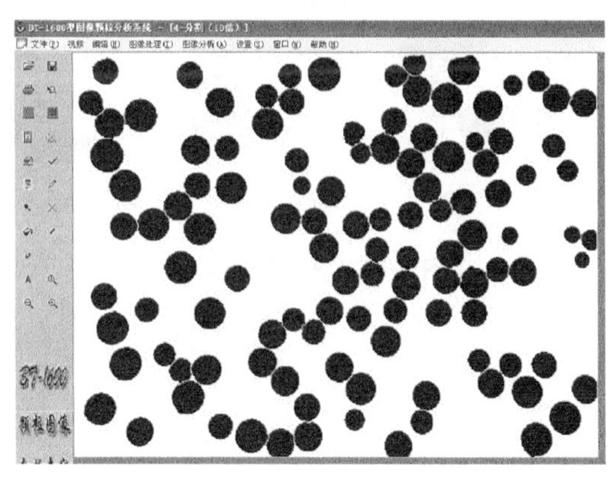

(c) 数字化的图像

图 F-13 删除

5. 其他图像处理

除了基本图像处理外，BT-1600 图像颗粒分析系统还具有很多的图像处理技术，它们是缝合、橡皮、涂抹、选定区域、添加文字、放大图像、缩小图像、还原图像、中值滤波、反色变换、灰度均衡化、亮度/对比度、标尺、网格及背景处理等。其中，缝合是将颗粒的开口处封堵上；橡皮用来擦掉不要的颗粒；涂抹用来修复颗粒缺陷；放大视图、缩小视图、正常视图是对图形进行缩放和恢复。这些操作均在“图像处理”和“编辑”菜单中，如图 F-14 所示。

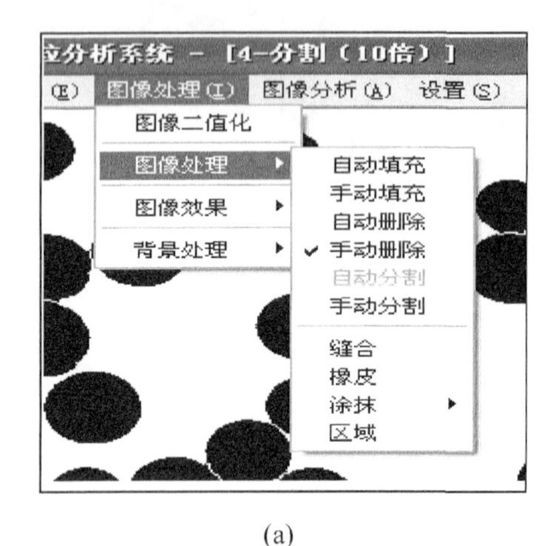

(a)

(b)

(c)

(d)

图 F-14　其他图像处理

(1) 选定区域

选中图像中的一部分，然后对选中的部分进行剪切、拷贝、粘贴操作，单独处理。单击“选定区域”图标或“图像处理—图像处理—区域”可以完成此项操作，如图 F-15 所示。

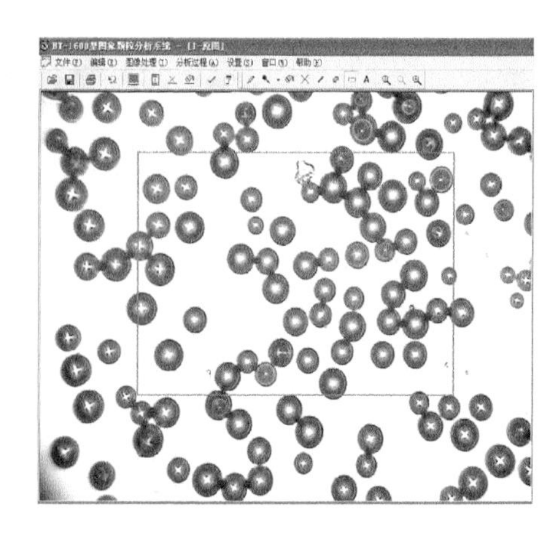

图 F-15　选定区域

(2) 添加标尺

无论是原始图像还是经过处理的图像，都可以在其中添加标尺，这样就能直接观察颗粒的大小了。将“水平标尺”、“垂直标尺”放置到图像中合适的位置以后，单击“编辑—

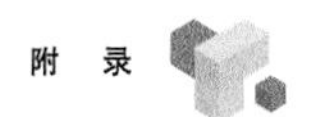

嵌入标尺”菜单，标尺就与图像融为一体。保存该图像后再显示或打印时，将看到一幅带有标尺的图像。标尺上的读数是实际的尺寸，单位是微米，如图 F-16 所示。

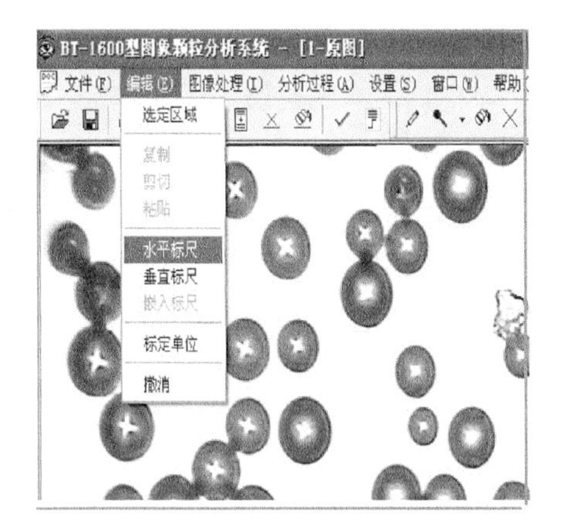

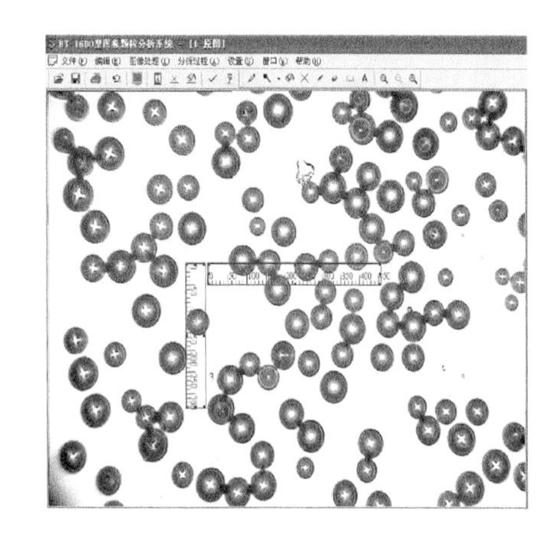

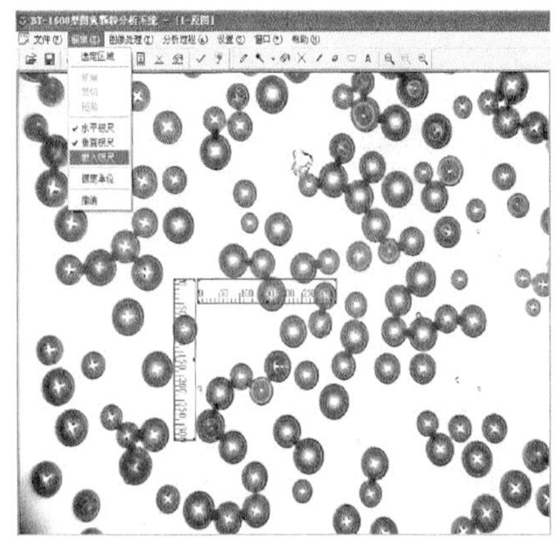

图 F-16　嵌入标尺

(3) 图像说明

图像说明就是在图像中加入标题、说明等。在图 F-17a 状态下单击“图像说明”图标或“编辑—添加文字”菜单，就进入添加文字编辑状态，如图 F-17b 所示。这时输入文字后单击“预览”按钮，可以将文字放置到图像中的任何位置；单击“字体”可以选择字体和字号；单击“确定”后文字就添加到图像中，如图 F-17c 所示。

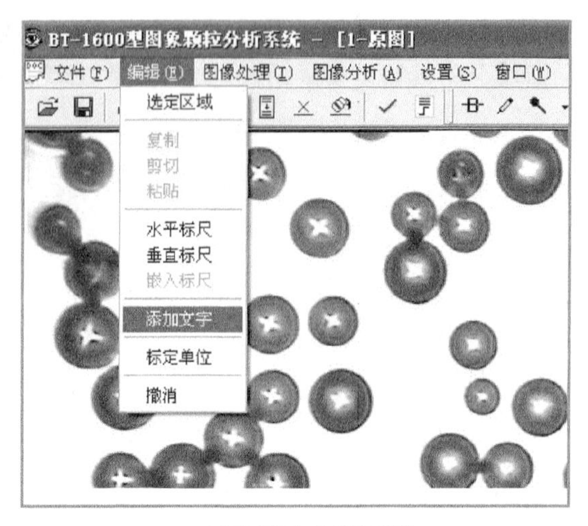

(a) 打开“添加文字”菜单

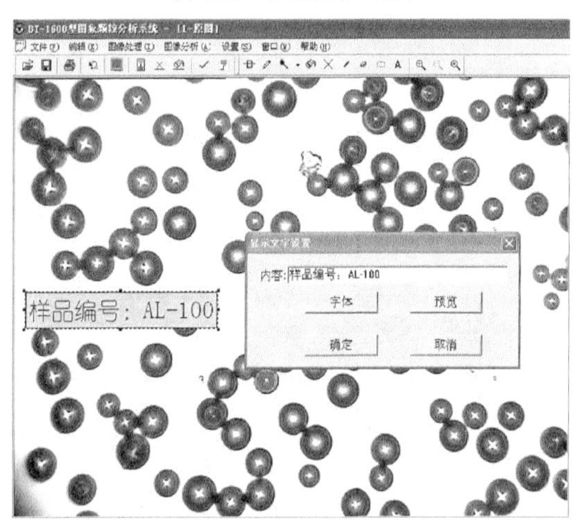

(b) 编辑文字与确定位置

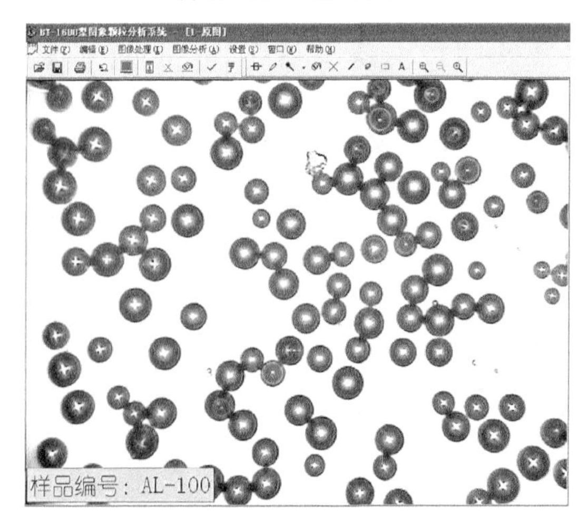

(c) 成功添加文字

图 F-17　图像说明

(4) 添加/隐藏网格

如图 F-18 所示，为了直观地观察颗粒的大小，除了通过标尺度量外，还可以在图像上直接覆盖网格，这样就可以直接读出颗粒的大小。在物镜放大倍数大于(含等于)4 倍时，每个小格是 10 μm；在物镜放大倍数小于 4 倍时，每个小格是100 μm。在添加表格前应先确定物镜放大倍数，然后用标尺进行标定，这样网格的尺寸才是准确的。有网格的图像可以保存、打印。

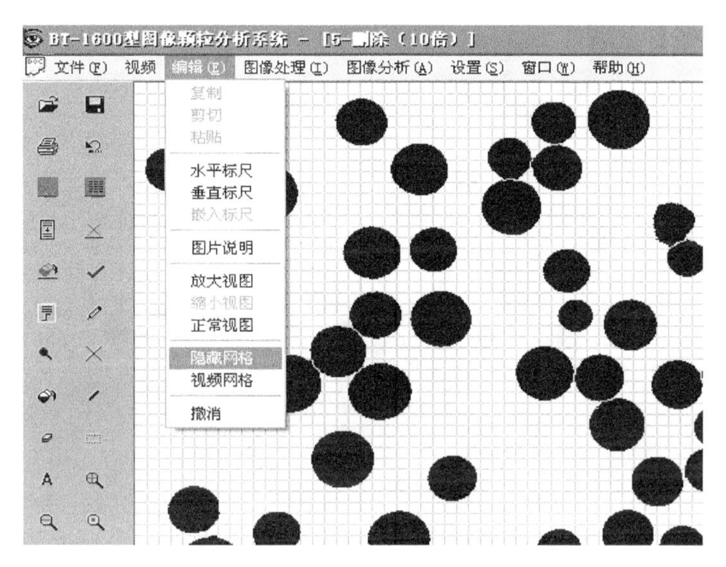

图 F-18　添加/隐藏网格

(六) 图像分析

图像分析是对经过处理的图像进行数值化分析的过程。通过图像分析将得到颗粒大小、分布、长径比及分布、圆形度及分布等，如图 F-19 所示。

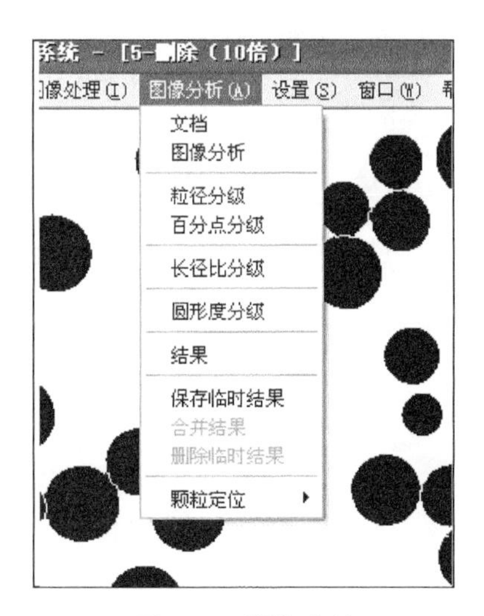

图 F-19　图像分析

1. 测试文档

单击“图像分析—文档”菜单，输入样品名称等信息，如图 F-20 所示。

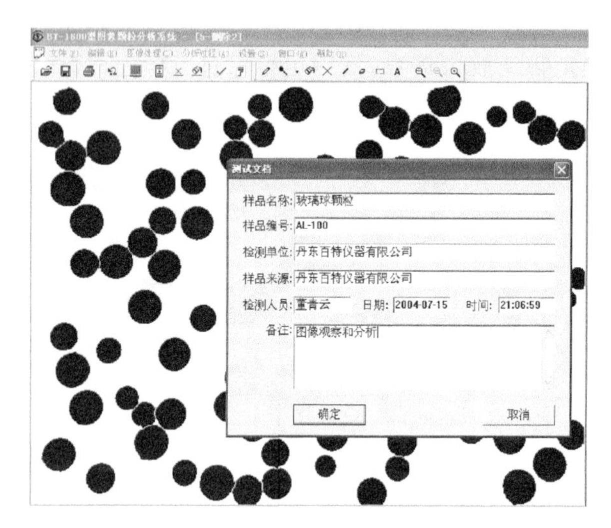

图 F-20 测试文档

2. 分析图像

单击“图像分析—图像分析”菜单，系统将对图像中的所有颗粒进行量化分析，得到如图 F-21 和图 F-22 所示的分析结果。

结果

长径比图形 | 圆形度分布 | 圆形度图形

原始结果 | 粒度分布 | 典型结果 | 粒度图形 | 长径比分布

序号	面积	直径	中位长	中位宽	长径比	外接...	外接.
1	1972.25	50.11	36.36	36.36	1.00	51.52	48.4
2	1894.70	49.12	36.36	34.34	1.06	48.48	48.4
3	1886.54	49.01	35.35	33.33	1.06	49.49	48.4
4	1874.30	48.85	35.35	34.34	1.03	50.51	48.4
5	1873.28	48.84	35.35	33.33	1.06	49.49	49.4
6	1872.26	48.82	34.34	34.34	1.00	49.49	49.4
7	1868.18	48.77	35.35	32.32	1.09	49.49	48.4
8	1838.59	48.38	35.35	34.34	1.03	47.47	49.4
9	1831.45	48.29	35.35	35.35	1.00	49.49	46.4
10	1814.10	48.06	34.34	34.34	1.00	48.48	47.4
11	1807.98	47.98	34.34	33.33	1.03	48.48	47.4
12	1805.94	47.95	35.35	34.34	1.03	48.48	46.4
13	1781.45	47.63	34.34	32.32	1.06	49.49	47.4
14	1741.66	47.09	34.34	33.33	1.03	48.48	46.4
15	1723.29	46.84	33.33	33.33	1.00	46.46	47.4
16	1722.27	46.83	34.34	32.32	1.06	46.46	46.4
17	1700.85	46.54	33.33	33.33	1.00	47.47	46.4
18	1698.81	46.51	32.32	32.32	1.00	47.47	46.4
19	1686.56	46.34	33.33	32.32	1.03	46.46	45.4

确定　取消　应用(A)

图 F-21 图像分析结果(1)

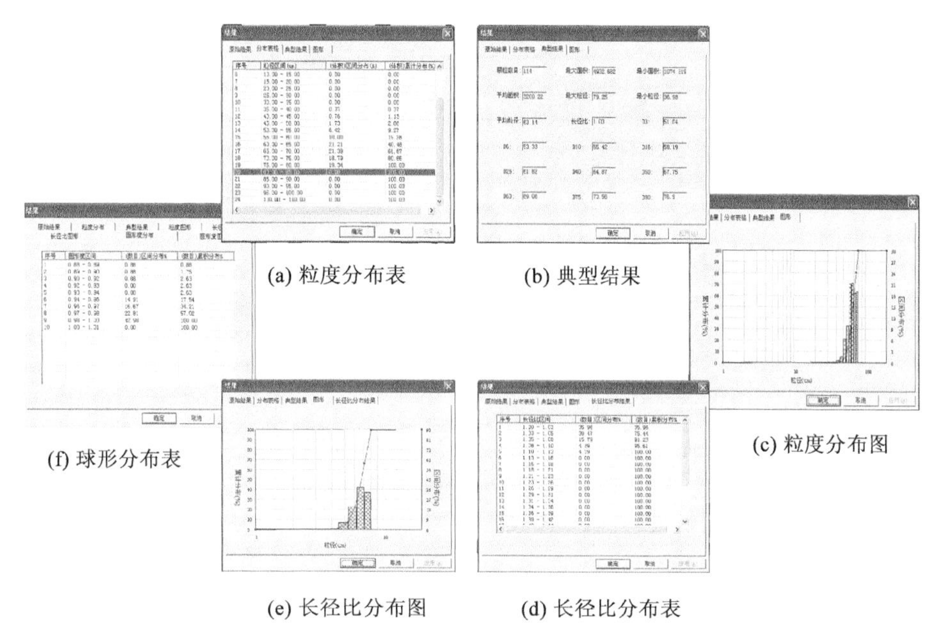

(a) 粒度分布表　(b) 典型结果　(c) 粒度分布图

(d) 长径比分布表　(e) 长径比分布图　(f) 球形分布表

图 F-22　图像分析结果(2)

3. 粒径分级

为得到所需要的粒度分布，需要设定粒径区间。粒径区间的设定方法如图 F-23 所示。其中“分级数目”应不大于 24(一般为 24 或 12)；分级方法有“等差”(自动生成)和“任意”(一一设定)两种，“任意”分级时要从小到大依次输入。“分布类型”中包括体积分布、面积分布、数量分布三种类型，一般选择体积分布。

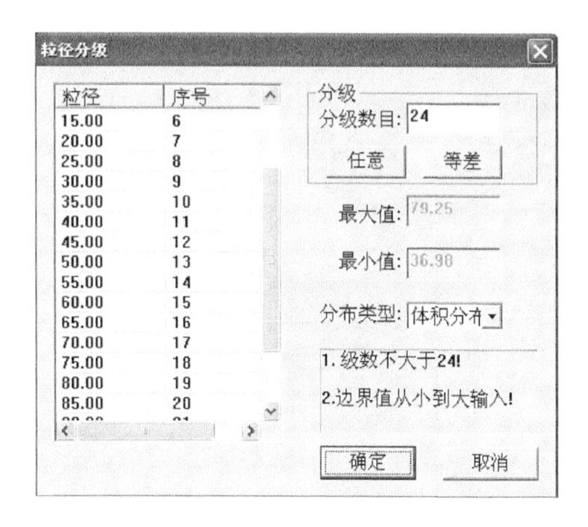

图 F-23　粒径分级

4. 百分点分级

从小到大依次设定 10 个典型的百分数点，或者自己关心的百分数点。在打印的结果中将得到这些百分点所对应的粒径，如图 F-24 所示。

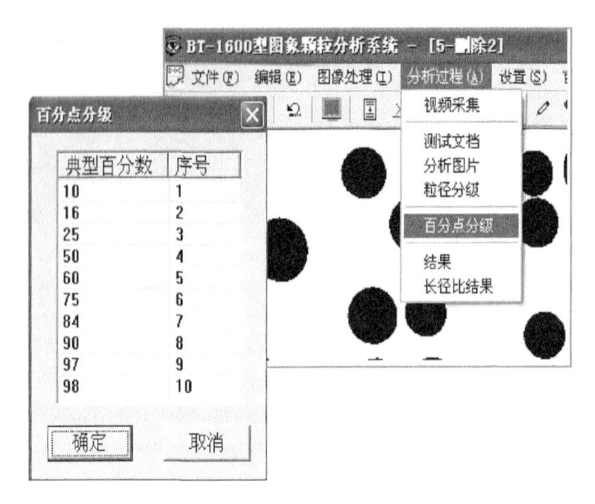

图 F-24　百分点分级

5. 长径比分级

长径比是指颗粒的长轴与短轴的比值，是针状颗粒的一个重要指标。一个样品中颗粒的长径比有一个范围，要准确地描述一个样品的长径比，就要根据分析结果对长径比划分一定的区间，从而得出长径比分布和平均长径比，这样就可以更准确地评价样品的长径比特性，如图 F-25 所示。

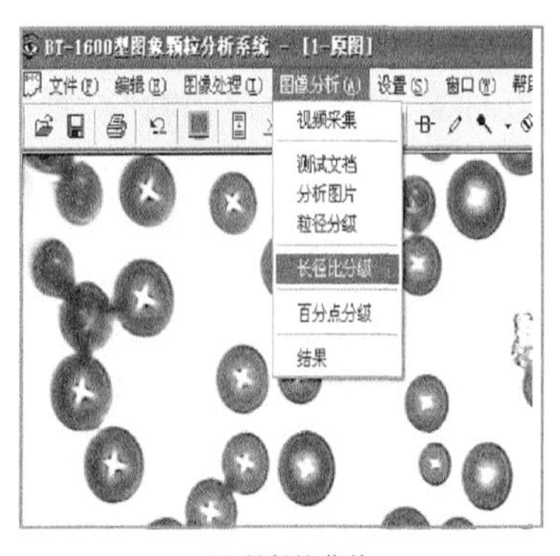

(a) 长径比菜单

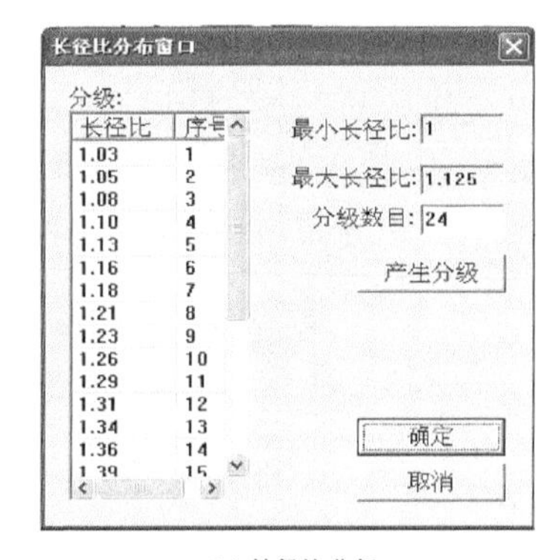

(b) 长径比分级

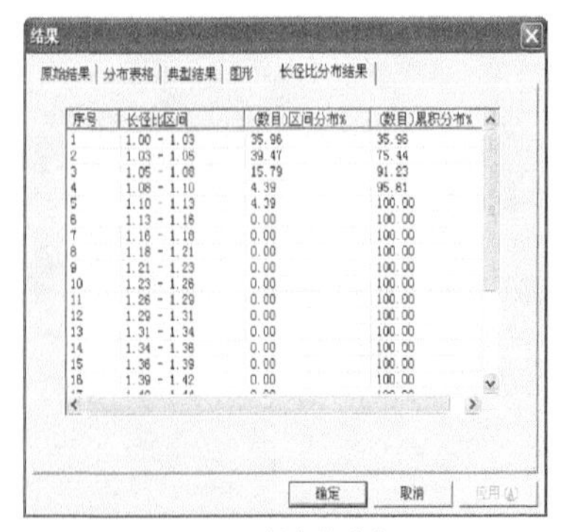

序号	长径比区间	(数目)区间分布%	(数目)累积分布%
1	1.00 - 1.03	35.96	35.96
2	1.03 - 1.05	39.47	75.44
3	1.05 - 1.08	15.79	91.23
4	1.08 - 1.10	4.39	95.81
5	1.10 - 1.13	4.39	100.00
6	1.13 - 1.16	0.00	100.00
7	1.16 - 1.18	0.00	100.00
8	1.18 - 1.21	0.00	100.00
9	1.21 - 1.23	0.00	100.00
10	1.23 - 1.26	0.00	100.00
11	1.26 - 1.29	0.00	100.00
12	1.29 - 1.31	0.00	100.00
13	1.31 - 1.34	0.00	100.00
14	1.34 - 1.36	0.00	100.00
15	1.36 - 1.39	0.00	100.00
16	1.39 - 1.42	0.00	100.00

(c) 长径比分布

图 F-25　长径比分级与分布

6. 圆形度分级

颗粒的圆形度是指与颗粒投影面积相等的圆的周长与该投影实际周长之比。因为颗粒形状千差万别，几乎每个颗粒的形状都不相同，所以测定颗粒的圆形度，就是测量每个被测颗粒的投影面积和周长，然后通过电脑一一求出每个被测颗粒的圆形度。将所有被测颗粒的圆形度进行统计处理就可以得出该样品的圆形度分布。通过圆形度分布可求出整个样品的平均圆形度，如图 F-26 所示。

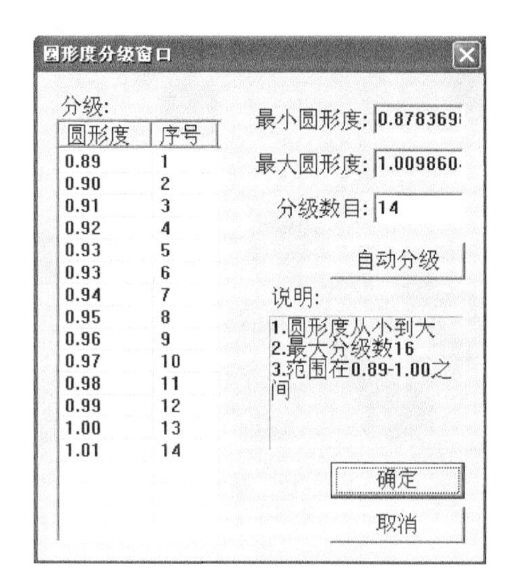

图 F-26 圆形度分级

7. 结果

电脑中始终保存系统最后一次的测试结果。单击“图像分析—结果”，就可以显示上一次的图像分析结果，见图 F-21。

8. 临时结果

BT-1600 图像颗粒分析系统具有分析多幅图像的功能。对同一个样品可采集多幅图像并保存，然后对这些图像分别进行处理和分析，把每一幅图像所得到的结果作为临时结果保存起来，再单击“合并结果”，将所有临时结果合并起来，进而得到多幅图像的分析结果。多幅图像的分析保证了样品的代表性，提高了分析结果的准确性。如果要将保存的临时结果清除，可单击“删除临时结果”，如图 F-27 所示。

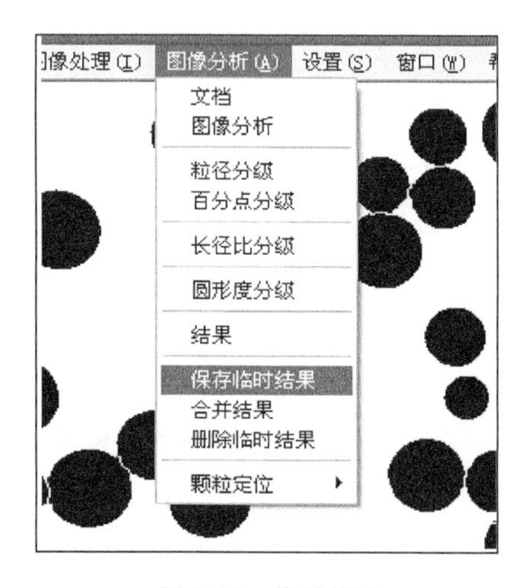

图 F-27 临时结果

9. 颗粒定位

颗粒定位的作用是在图像中对最大颗粒、最小颗粒、某区间的颗粒进行特殊标识，并能将这些特殊标识反映到原始图像中，如图 F-28 所示。

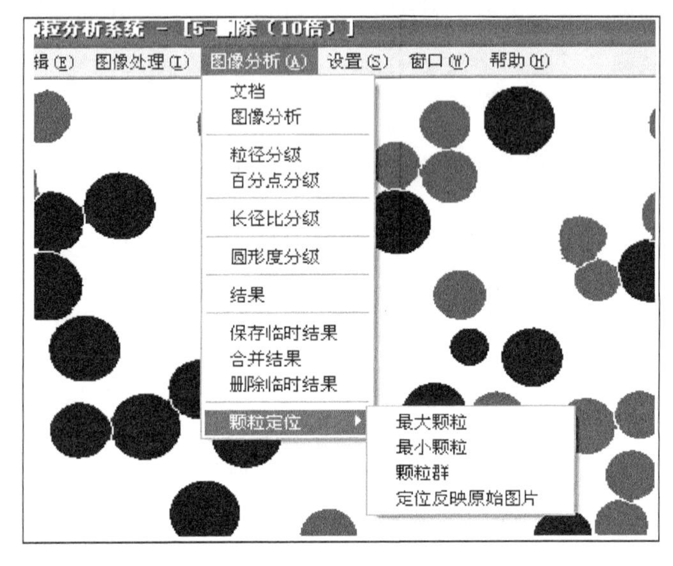

图 F-28　颗粒定位

10. 结果处理

图像分析完成后，就可以进行保存、查询、打印等处理。“文件”菜单中包括打开图像、保存图像、打印图像、预览图像、保存粒度结果、查询粒度结果、打印粒度结果、预览粒度结果、打印长径比结果、预览长径比结果、打印圆形度结果、预览圆形度结果、打印设置等功能。退出结果窗口以后，就可以进行上述操作，如图 F-29 所示。

F-29　结果处理

（七）设置

“设置”菜单的功能在于对系统进行定义，包括物镜放大倍数、图形参数、标定、报告单等项，如图F-30所示。

1. 物镜放大倍数

将拍摄图像时所用的显微镜物镜的放大倍数输到图 F-31 所示的数据框中，单击“确定”即可。

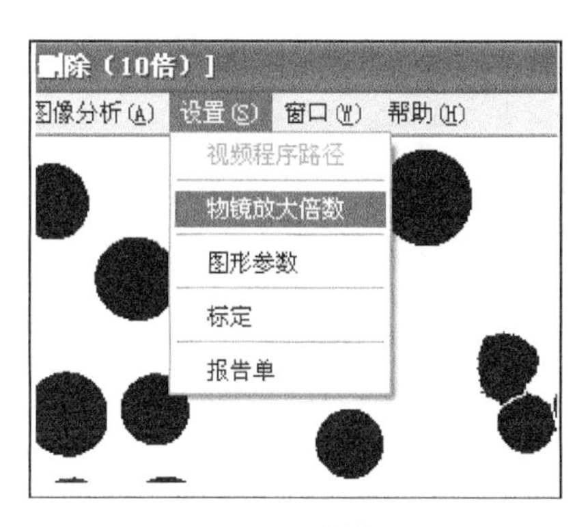

F-30 设置

图 F-31 物镜放大倍数

2. 图形参数

图形参数是对结果的坐标进行定义，有对数坐标和线性坐标两种，如图 F-32 所示。

3. 标定

标定是通过拍摄（或打开）物镜标尺图像来确定系统基准的一种方法。在图F-33中按“确定”按钮后将弹出一个窗口，提示打开一幅标尺图像。在标尺图像中选定两条已知实际长度的尺寸线并在其间划一条水平线，用来确定这两条尺寸线之间包含多少像素。划完水平线后就弹出如图 F-34 所示窗口，要求输入“对应实际长度”和“物镜放大倍数”两个

图 F-32 图形参数

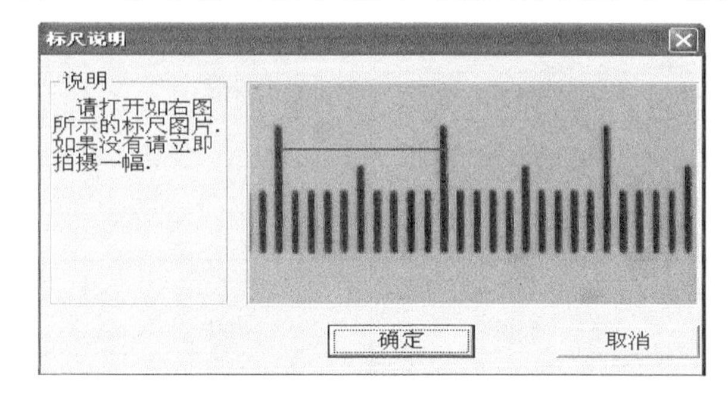

图 F-33 标定窗口(1)

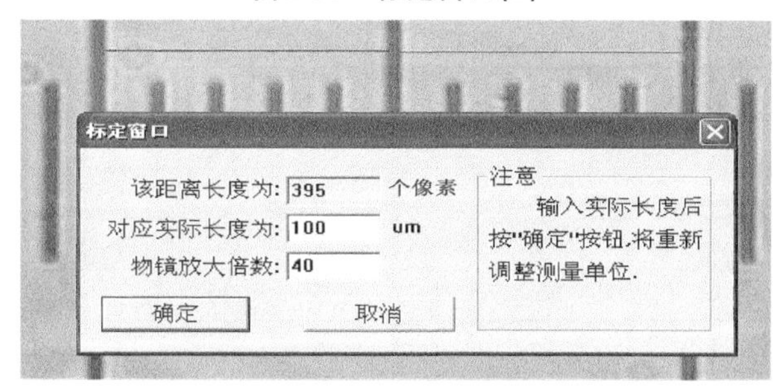

图 F-34 标定窗口(2)

参数，单击“确定”后完成标定。

（八）视频

“视频”菜单包括建立视频窗口、视频采集、图像模式、分辨率 4 个菜单项。一般情况下使用默认状态即可，如图 F-35 所示。

（九）窗口

窗口是定义显示状态和记录多幅图像的，包括工具栏、状态栏、图像状态（重叠、平铺）等。同时，“窗口”中也记录打开的图像的数量和名称，如图 F-36 所示。

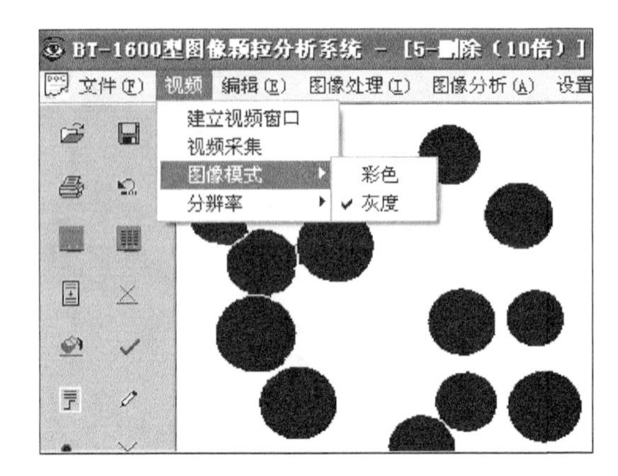

图 F-35 视频

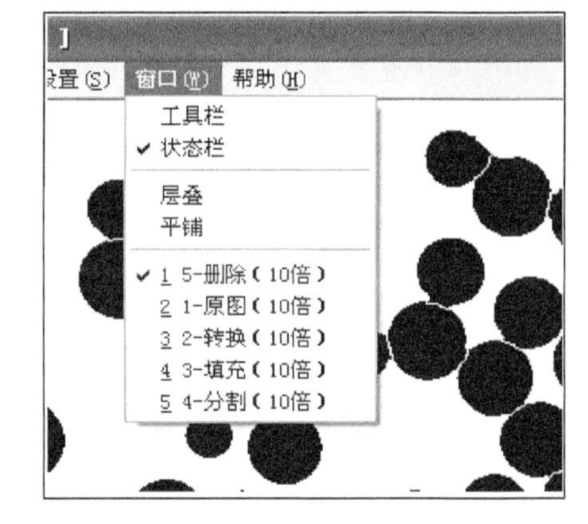

图 F-36 窗口

附表 1 筛目-微米对照表

筛目	微米	筛目	微米
20	850	270	53
25	710	325	45
30	600	400	38
35	500	450	32
40	425	500	28
45	355	600	23
50	300	700	20
60	250	800	18
70	212	1 000	13
80	180	1 250	10
100	150	2 000	6.5
120	125	2 500	5.0
140	106	5 000	2.5
170	90	8 000	1.5
200	75	10 000	1.3
230	63	12 000	1.0

附表 2 不同材料的样品所适用的沉降介质及分散剂

材料	沉降介质	分散剂	材料	沉降介质	分散剂
铝氧粉刚玉	正丁醇、正丁氨、蓖麻油		碳化硅	水	六偏磷酸钠
铝粉	水、环乙醇、四氯化碳	六偏磷酸钠、酒石酸钠、草酸钠	三氧化锑	水	聚磷酸钠、六偏磷酸钠
碱盐	环乙醇		硫酸钡	水	六偏磷酸钠
氧化铝	水	聚磷酸钠	重晶石	水	六偏磷酸钠、聚磷酸钠
无烟煤	水	三硝基酸钠	氧化铬	水	焦磷酸钠
青铜粉	环乙醇		铬粉	环乙醇	聚磷酸钠
砷盐	水	聚磷酸钠	瓷土	水	聚磷酸钠
硫化镉	水、乙二醇	聚磷酸钠	玻璃粉	水	聚磷酸钠、硅酸钠
砷化镉	水+50%酒精		高岭土	水、水+几滴氨	
碳酸钙	水、二甲苯	聚磷酸钠	硅藻土	水	聚磷酸钠
钙化合物	水	六偏磷酸钠	铅粉	丙酮	六偏磷酸钠
氧化钙	乙二醇		铁粉	丙酮	
磷酸钙	水	聚磷酸钠	铜粉	环乙醇+50%乙醇	聚磷酸钠
甘汞	环乙醇		钼粉	乙醇、丙酮、甘油+水	
碳黑	水	三硝基酸钠、鞣酸	镁粉	乙二醇	三硝基酸钠、鞣酸
熟石膏	水、甘油酒精	柠檬酸钾	水泥	甲醇、乙醇、乙二醇、丁醇、苯、异丙醇	聚磷酸钠、柠檬酸钾
纸浆	水	硅酸钠	氧化锆	水	硅酸钠
石英	水		木炭粉	水	聚磷酸钠
硫化物	乙二醇		焦碳粉	乙二醇	
石灰石	水	六偏磷酸钠	褐煤	环乙醇	
磷酸三钙	水		滑石粉	水	六偏磷酸钠
碳化钨	乙二醇	聚磷酸钠	纤维素粉	苯	三硝基酸钠
氧化铀	甘油+水、异丁醇		有机粉	辛醇	
高炉矿渣	水	六偏磷酸钠	糖	异丁醇	
灰粉	水	聚磷酸钠	氢氧化铝	水	六偏磷酸钠
磷酸二钙	水		氧化铅	水	聚磷酸钠
二氧化锰	水	聚磷酸钠	石灰	乙醇、异丙醇	
白铅矿	水	六偏磷酸钠	赤铁矿	水	
石墨粉	水	鞣酸	磷矿粉	水	六偏磷酸钠
一氧化铅	二甲苯		磷粉	水	硅酸甲
硅酸盐	水	聚磷酸钠	红磷粉	水	硅酸钠
磁铁矿	水、乙醇、甲醇		铅颜料	水	聚磷酸钠
锆粉	异丁醇		氧化砷	水	
钨粉	甘油+水		镍粉	甘油+水	
锡粉	丁醇	聚磷酸钠、六偏磷酸钠	淀粉	异丁醇、酞酸二乙酯	
立德粉	水	鞣酸	煤	水、乙醇	聚磷酸钠

三、SF-150 水泥细度负压筛析仪

(一) 概述

本仪器可测定硅酸盐水泥、普通水泥、矿渣水泥、火山灰水泥、粉煤灰水泥等水泥细度。本仪器具有结构简单、操作方便等特点，是水泥厂、建筑公司和高等院校的必备仪器。

(二) 技术参数

(1) 工作负压：−6 000～−4 000 Pa。

(2) 喷气嘴转速：(30±2)r/min。

(3) 筛析时间：120 s。

(4) 筛析测试细度：0.080 mm。

(5) 电源：AC220 V。

(6) 整机功率：900 W。

(7) 外形尺寸：500 mm×300 mm×780 mm。

(8) 净重：30 kg。

(三) 结构

本仪器主要由筛座、微电机、吸尘器、旋风筒及电器控制组成。

(四) 实验步骤

筛析实验前，调节数显式时间继电器，使其设定在 120 s，再把负压筛放在筛座上，盖上筛盖，打开电源，调节负压至−6 000～−4 000 Pa 范围内，然后关机。

称取试样 25 g，置于洁净的负压筛中，盖上筛盖，再次启动仪器，连续筛析，在此期间如有试样附着在筛盖上，可轻敲筛盖使试样落下，当筛析满 120 s 后，仪器自动停止。

筛毕，用天平称重筛余物。

(五) 实验结果计算

水泥试样筛余百分数按式(F-1)计算：

$$F = m_s \times 100\% / m \tag{F-1}$$

式中：F——水泥试样筛余百分数，%；

m_s——水泥筛余物的质量，g；

m——水泥试样的质量，g。

计算结果一般精确到 0.1%。

(六) 一般注意事项

(1) 定期倒掉集尘瓶中的水泥。

(2) 如果使用一段时间后负压达不到国标要求(－6 000～－4 000 Pa),应清洁吸尘器中的收尘袋。

(3) 吸尘器连续工作不应超过 15 min,否则易因过热而烧坏。

四、MPU 系列万用压力测量系统

(一) 概述

在众多涉及气体流动的工业设备的科学研究、技术开发、结构改进、模型试验、引进反求及生产过程研究方面,在流体力学基础理论与工程反唇相讥的研究中,气体在设备内部各点的三维速度矢量和压力分布是十分重要的基础研究内容。

在建材工业中,涉及许多稀相气固两相流设备,如各类工业窑炉,各种预热器、分解炉、燃烧器,以及分级、干燥、气力输送、收尘装置。在这些设备内部,微小固体颗粒离散地分布在运动着的连续气流中,气体流动对颗粒运动起着重要的决定作用。而气流的运动方式和类型又取决于设备的内部结构形式和操作参数。故在开发研究和设备改进过程中,尤其是实验室冷态模型试验研究中,测定设备气体在流动空间中的速度分布、压力分布和压力脉动情况,有助于掌握气体的运动规律,了解设备的结构特性和操作特性,从而为这些设备的开发和改进提供理论依据。

测量气体三维流场的方法很多,如激光多普勒频移法、热线风速仪和五孔探针法等。由于激光法和热线法价格昂贵,设备容易损坏,且使用不便,测量要求高,所以在工程研究中最常用的是五孔探针。但传统的五孔探针是对每一测点用 U 形管测量各孔间的压力,需要经过人工读数、查图、校正等多项繁杂数据处理过程,而设备空间流场分布的测定,一般需要数百个点,其工效低,工期长,精度低。

MPU 系列万用压力测量系统中的三维流场智能测量系统,用高性能的微电脑及数据采集系统和成套软件,真正使流场测量实现简单、方便、快速和高精度的智能化测量。

(二) 主要性能特点

MPU 系列万用压力测量系统,可由 4～32 路(由用户选择)压力测量数据采集系统和软件包组成。它可以配用五孔探针组成三维流场智能测量系统,亦可配用压力、动态压力及流量测量程序来构成设备的系统压降、压力脉动、管道风速和流量等参数的测量系统。

它具有下述特点:

(1) 主机可采用 APPLE-2 系列微机或 IBM-PC 系列微机。系统软件很丰富,有较大的屏幕进行信息显示和操作提示,使观察和操作简单轻松。

(2) 采用较高速度的 12 bit A/D 板，分辨率高，采样速度快，系统测量结果实时性强，精度高。

(3) 采用数据文件形式存储测量数据及计算结果，可以随时以数据表或图形方式显示和打印各个测量断面的三维速度分布和压力分布情况等。

(4) 配备标定、测量、绘图、计算、打印等系列程序构成的软件包，使用方便、可靠，可按使用者的意愿对系统进行标定、打印、测量等工作。

(5) 采用全菜单提示选择工作方式和窗口显示技术，使用者可在充分的屏幕操作提示下工作，具有简单、快速和灵活的特点。

(6) 压力测量系统具有灵敏度高、精度高的特点，并具有较强的过载能力。超载150%时可以正常工作，瞬间超载400%不会损坏，可用于压力梯度大的测量场合。

(7) 压力测量系统动态响应好，配合专用软件可测 300 Hz 以下的脉动压力，可用于需进行动态压力测量的各种场合，如流化床中气体特性的研究和湍动床、喷动床等的性能研究。

(8) 测量系统的功能由软件决定，系统软件由 BASIC 程序编制，向用户开放，可使用户扩充功能以适应各种用途。

(三) 技术指标

(1) 量程：

风速：5～150 m/s；

风差：0－±500 mm H_2O；0－±1 000 mm H_2O 或按用户要求。

(2) 精度：五孔探针的制造误差<1%，校正误差<1%；压差的精度小于 0.5。

(3) 压差测量截止频率：$f_0 \leqslant 1\ 000$ Hz。

(4) 压差测量极限负荷 200%，瞬间负荷 400%。

(5) 数据采集频率：不大于 10 kHz，由编程决定。

(6) 工作方式：全屏幕菜单方式。

(7) 数据输出方式：屏幕显示和计算机打印；

数据输出形式：数据文件、数据表和图形。

(8) 电源：AC220 V。

(9) 工作温度：－10～50 ℃。

(四) 用途

本系统可直接用于非腐蚀性气体流动的各种场合。例如：

(1) 测量流型复杂的气体三维速度分布、全压分布和静压分布。

(2) 用于系统的压降和流量测量。

(3) 用于系统动态压力的测量。

(4) 用于流体力学基础实验与气体动力学方面的科学研究，可供教学、科研和生产等部门选用。

（五）仪器安装与使用要点

（1）将接口卡装入微机。

APPLE-2 系列微机：将接口卡插入 2＃扩展槽中；

PC 系列微机：插入任何槽中，上紧固定螺丝。

（2）将接口卡上带状电缆接到 MPU 测量系统仪器箱的电缆插座上。

（3）将微机软件磁盘插入磁盘驱动器，启动微机，按照菜单提示操作即可进行测量。

（4）根据测量需要接上测压皮管，注意仪器箱上测压接头的标记，压差测量的方向应与其一致。若测定方向与原定义压差方向相反，容易造成计算误差。

五、DBT-127 型电动勃氏透气比表面积仪

（一）用途和原理

本仪器主要根据美国国家标准 GB 8074—87《水泥比表面积测定方法》的有关规定，并参照美国 ASTMC 204—75 透气法改进制成。

该仪器的基本原理是，采用一定量的空气，透过具有一定空隙率和一定厚度的压实粉层所受的阻力不同进行测定。它广泛用于测定水泥、陶瓷、磨料、金属、煤炭、食品、火药等粉状物料的比表面积。

（二）结构

DBT-127 型电动勃氏透气比表面积仪结构如图 F-37 所示。

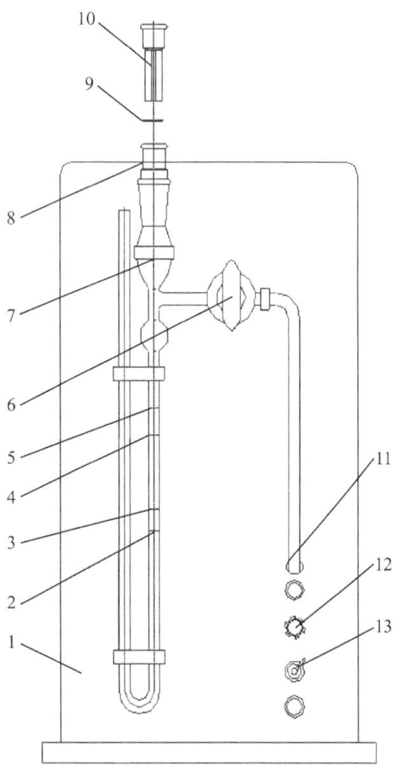

1—仪器座；2—水位刻线；3—计时终端刻线；4—计时开始刻线；5—第一条刻线；6—旋塞；7—压力计；8—透气圆筒；9—穿孔板；10—捣器；11—橡胶管接抽气泵；12—指示灯；13—钮子开关

图 F-37　DBT-127 型电动勃氏透气比表面积仪结构图

（三）使用方法及操作步骤

1. 仪器的校正

（1）校正物料。使用比表面积接近 2 800 cm^2/g 的标准物料对试验仪器进行校正。标准物料的温度在使用前应保持与室温相同。

（2）粉料层体积的测定。测定粉料层的体积可采用下述水银排代法：

将两片滤纸沿筒壁放入圆筒内，用推杆的大端往下按，直到滤纸平正地放在穿孔板上，然

后装满水银，用一薄玻璃板轻压水银表面，使水银面与圆筒上口齐平，从圆筒中倒出水银称重，记录水银质量 m_1。

从圆筒中取出一片滤纸，然后加入适量的粉料，再盖上一层滤纸用捣器压实，直到捣器的支持环与圆筒顶边接触为止，取出捣器，再在圆筒上部空间加入水银，同上述方法使水银面与圆筒上口齐平，再倒出水银称重，记录水银的质量 m_2。称重结果精确到 0.5 g。

试样层占有的体积用式(F-2)计算：(精确到 0.005 cm³)

$$V=(p_1-p_2)/\rho_{水银} \tag{F-2}$$

式中：V——试样层体积，cm³；

p_1——圆筒内未装料时，充满圆筒的水银质量，g；

p_2——圆筒内装料后，充满圆筒的水银质量，g；

$\rho_{水银}$——试验温度下水银的密度，g/cm³。

试样层体积的测定至少应进行两次，每次应单独压实，取两次数值相差不超过 0.005 cm³ 的平均值，并记录测定过程中圆筒附近的温度。每隔一季度至半年应重新校正试样层的体积。

2. 漏气检查

将透气筒上口用橡皮塞塞紧，把它接到压力计上用抽气泵从压力计一臂中抽出部分气体，然后关闭阀门，压力计中液面如有任何连续下降，则表示系统内漏气，须用活塞油脂加以密封。

3. 试样准备

(1) 将标准试样在(110±5)℃温度下烘干，并冷却到室温，倒入 100 mL 的密封瓶内用力摇动 2 min，将结块成团的试样振碎，使试样松散，静置 2 min 后，打开瓶盖，轻轻搅拌，使在松散过程中沉到表面的细粉分布到整个试样中去。

(2) 水泥试样应先通过 0.9 mm 的方孔筛，再在(110±5)℃下温度烘干，冷却至室温。

(3) 确定试样量。校正试验用的标准试样重量和测定水泥的重量，应达到制备的试样层中的空隙率为 0.500±0.005。计算式为

$$W=\rho V(1-\varepsilon) \tag{F-3}$$

式中：W——需要的试样量，g；

ρ——试样密度，g/cm³；

V——测定的试样层体积，cm³；

ε——试样层空隙率。

4. 试料层制备

将穿孔板放入透气圆筒的突缘上，带记号的一面向下，用推杆把一片滤纸送到穿孔板上，边缘压紧。称取确定的水泥量(精确到 0.01 g)倒入圆筒，轻敲圆筒的边，

使水泥层表面平坦，再放入一片滤纸，用捣器均匀捣实试料，直至捣器的支持环紧紧接触圆筒顶边。旋转 2 周，慢慢取出捣器。制备试样应将透气圆筒插在圆筒座上进行操作。

5. 透气试验

(1) 把装有试料层的透气圆筒连接到压力计上，要保证紧密连接，不漏气，并不能再振动所制备的试料层。

(2) 先关闭压力计臂上的旋塞，开动抽气泵，慢慢打开旋塞，平稳地从 U 形管压力计一臂中抽出空气，直至液面升到最上面的一条刻线时关闭旋塞和空气泵。当压力计中液体的凹液面达到第二条刻线时开始计时，当液体的凹液面达到第三条刻线时停止计时，记录液体通过第二、第三条刻线时的时间并记下液体试验时的温度。

(四) 计算

(1) 当被测物料的密度、试料层空隙率与标准试样的相同，且试验时的温度相差不大于 3 ℃时，可按式(F-4)计算：

$$S=S_s T^{1/2}/T_s^{1/2} \quad \text{(F-4)}$$

如试验时的温度相差大于±3 ℃，则按式(F-5)计算：

$$S=S_s T^{1/2}\eta_s{}^{1/2}/T_s{}^{1/2}\eta^{1/2} \quad \text{(F-5)}$$

式中：S——被测试样的比表面积，cm^2/g；

S_s——标准试样的比表面积，cm^2/g；

T——被测试样试验时，压力计中液面降落测得的时间，s；

T_s——标准试样试验时，压力计中液面降落测得的时间，s；

η——被测试样在试验温度下的空气黏度，Pa・s；

η_s——标准试样在试验温度下的空气黏度，Pa・s。

(2) 当被测试样的试料层的空隙率与标准试样试料层的空隙率不同，且试验时的温差不大于±3 ℃时，可按式(F-6)计算：

$$S=S_s T^{1/2}(1-\varepsilon_s)\varepsilon^{3/2}/[T_s{}^{1/2}(1-\varepsilon)\varepsilon_s{}^{(3/2)}] \quad \text{(F-6)}$$

若试验时温差大于±3℃，则可按式(F-7)计算：

$$S=S_s T^{1/2}(1-\varepsilon_s)\varepsilon^{3/2}\eta_s{}^{1/2}/\ T_s{}^{1/2}(1-\varepsilon)\varepsilon_s{}^{3/2}\eta^{1/2}] \quad \text{(F-7)}$$

式中：ε——被测试样试料层的空隙率；

ε_s——标准试样试料层的空隙率。

(3) 当被测试样的密度和空隙率与标准试样的不同，且试验时温差不大于±3 ℃时，可按式(F-8)计算：

$$S=S_s T^{1/2}(1-\varepsilon_s)\varepsilon^{3/2}\rho_s/[T_s{}^{1/2}(1-\varepsilon)\varepsilon_s{}^{3/2}\rho] \quad \text{(F-8)}$$

若试验时温差大于±3 ℃，则可按式(F-9)计算：

$$S=S_s T^{1/2}(1-\varepsilon_s)\varepsilon^{3/2}\rho_s\eta_s{}^{1/2}/[T_s{}^{1/2}(1-\varepsilon)\varepsilon_s{}^{3/2}\rho\eta^{1/2}] \quad \text{(F-9)}$$

式中：ρ——被测试样的密度，g/cm^3；

ρ_s——标准试样的密度，g/cm^3。

(4) 水泥比表面积应由两次试验结果的平均值确定，如两次试验结果相差2%以上时，应重新试验。

(5) 以 cm^2/g 为单位算得的比表面积值换算为以 m^2/kg 为单位的比表面积，需乘以系数0.10。

(五) 维护和保养

(1) 仪器要经常擦拭，保持清洁，不用时装入仪器箱。

(2) 压力计中液面应保持规定高度。

(3) 试验结束后将圆筒及穿孔板擦干净，放入附件盒备用。

(4) 试验前应注意检查电磁泵运转是否正常，负压要事先调整，防止误将液体吸入电磁泵(试验过程中若发现液面不能上升至最上面一条刻线，或者液面上升太快，升至玻璃管圆球中间时泵及阀仍未停止动作，可按“确认”键立即停止试验，打开机箱后盖通过调整带接头节流阀来调整负压变化的速率)。

(5) 使用DBT-127型电动勃氏透气比表面积仪时，应避免强光直接照射在光电管上或暴露在光线亮度频繁变化的场合。

六、QTZZ旋转机械故障诊断实验台

(一) 组成

1. 旋转机械振动及故障模拟实验平台

该平台由变速驱动电机、轴承、齿轮箱、轴、偏重转盘、调速器等组成。通过调节配重，调节部件的安装位置及组件的有机组合快速模拟各种故障，包括被测部件：

① 有缺陷的轴承(外圈缺陷、内圈缺陷、滚珠缺陷)；

② 有缺陷的齿轮(断齿的齿轮、磨损的齿轮)；

③ 旋转圆盘的配重块(在圆盘圆周边缘每隔10°开一螺孔，用于固定和调平衡用的配重块)。

实验平台组成：平台＋有缺陷的轴承＋有缺陷的齿轮＋旋转圆盘的配重块。

2. 旋转机械振动信号采集与故障诊断系统

(1) 硬件包括传感器(加速度传感器、速度传感器、转速传感器)、电缆线、信号调理器、数据采集箱和计算机。

(2) 软件包括数据采集、信号分析和故障诊断软件。信号分析软件有时序列信号分析、频域信号分析、静平衡与动平衡计算功能。数据采集性能包括记录、回放、波形分析和统计分析。频率分析性能包括线形谱、功率谱、功率谱密度、能量谱密度、倒频谱，具有时间窗处理和细化(ZOOM)功能、动平衡计算功能。系统分析性能(传递函数或频响函数分析)包括实部虚部、幅值相位、自功率谱、互功率谱、相干函

数。相关分析性能包括自相关函数和互相关函数。

(二) 功能

该实验装置可进行机械振动信号分析和以下机械故障模拟及诊断:

(1) 滚动轴承故障。可方便地将被测部分轴承更换成有缺陷的轴承;可模拟的故障有轴承内圈损伤、外圈损伤、滚珠损伤、轴承安装不良、轴承与轴承座之间的松动。

(2) 齿轮故障模拟。通过更换有缺陷的齿轮,可模拟的故障有齿形误差、齿轮磨损。

(3) 轴系故障模拟。

① 不平衡。通过调整轴上旋转圆盘上的平衡重量,可以模拟不平衡缺陷; 可进行动平衡计算。

② 不对中。调整轴座底盘的安装位置,可以模拟轴安装不对中缺陷。

(4) 可变速模拟在不同速度条件下的故障特征,变速范围为 75~1 450 r/min。

参考文献

[1] 武汉建筑材料工业学院. 水泥生产机械设备[M]. 北京:中国建筑工业出版社,1981.

[2] 卢寿慈. 粉体加工技术[M]. 北京:中国轻工业出版社,1999.

[3] 陆厚根. 粉体技术导论[M]. 上海:同济大学出版社,1998.

[4] 盖国胜. 超细粉碎分级技术:理论研究·工艺设计·生产应用[M]. 北京:中国轻工业出版社,2000.

[5] 陶珍东,郑少华. 粉体工程与设备(第 2 版)[M]. 北京:化学工业出版社,2010.

[6] 王浩明,张其俊,孙礼明. 水泥工业袋式除尘技术及应用[M]. 北京:中国建材工业出版社,2001.

[7] [日]小川明. 气体中颗粒的分离[M]. 周世辉,刘隽人,译. 北京:化学工业出版社,1991.